建筑电气专业系列教材

建筑电气安全技术

主编 王 悦 黄民德 郭福雁

哈尔滨工程大学出版社

内 容 简 介

本书主要讨论电气事故、供配电系统和建筑物的雷击防护等电气安全问题,重点围绕建筑电气环境的安全问题进行了阐述。全书分为三章,第一章主要论述电气安全的基本知识,第二章主要论述建筑供配电系统的电气安全防护,第三章主要论述建筑物的雷击防护。

本书可作为建筑电气专业(或专业方面)和安全工程专业的教科书,也可作为相关专业教学及培训等参考用书。

图书在版编目(CIP)数据

建筑电气安全技术/ 王悦,黄民德,郭福雁主编.
—哈尔滨:哈尔滨工程大学出版社,2015.8
ISBN 978 – 7 – 5661 – 0851 – 7

Ⅰ.建… Ⅱ.①王… ②黄… ③郭… Ⅲ.房屋建筑设备 – 电气设备 – 安全技术 – 教材 Ⅳ.TU85

中国版本图书馆 CIP 数据核字(2015)第 176114 号

选题策划	张植朴
责任编辑	史大伟
封面设计	徐 波

出版发行	哈尔滨工程大学出版社
地　　址	哈尔滨市南岗区东大直街 124 号
邮政编码	150001
发行电话	0451 – 82519328
传　　真	0451 – 82519699
经　　销	新华书店
印　　刷	哈尔滨市石桥印务有限公司
开　　本	787mm × 1 092mm　1/16
印　　张	11
字　　数	280 千字
版　　次	2015 年 9 月第 1 版
印　　次	2015 年 9 月第 1 次印刷
定　　价	25.00 元

http://www.hrbeupress.com
E-mail:heupress@ hrbeu.edu.cn

前　言

人类在认识和改造自然的过程中创造了辉煌的文明,但文明的代价也是巨大的,这就是一直与这一过程相伴随的对人类自身的危害及对人类生存环境的破坏。随着科学技术的迅猛发展,这种负面效应更是急剧上升,其涉及面之广几乎渗透到每个技术领域,程度之严重已威胁到人类自身的存在。这有悖于人类认识和改造自然的初衷。作为现代社会一个极为重要的技术领域,电气工程领域的情况也不例外,它所产生的负面效果也是广泛而深刻的,电气安全问题就是这种负面效应的一个重要组成部分。

作为一个物理现象,"电"被人们利用的途径主要有两条:一是被用作能源,二是被用作信息的载体。因此电气安全问题是电力、通信、计算机、自动控制等诸多领域所共同面临的问题,这使得它具有了广泛性和基础性的特征。同时,电气安全又涉及材料的选用、设备制造、设计施工及运行维护等诸多环节,这又使得它具有了系统性和综合性的特征。再者,电气安全问题通常发生在人们预料外的电磁过程中,如雷电、静电、宇宙电磁辐射等,这些自然现象也时刻影响着人类的正常活动,自然界的这些电磁现象可能造成很大的危害,这使得它具有随机性和统计性的特征。

在发达国家,社会对电气安全问题极为重视,尤其对涉及用户人身安全和公共环境安全的问题,更是予以严格规范。在我国,过去由于观念和体制的原因,对电气安全问题更多侧重于电网本身的安全和生产过程的劳动保护,而对一般民用场所的电气安全问题和电气环境安全问题较为忽视,以致电击伤害和电气火灾事故的发生率长期居高不下,单位用电量的电击伤亡事故远远高于发达国家。最近20 年来,我国在学习国际先进技术,借鉴采用国际先进技术标准等方面做了大量工作,在电气安全的工程上有了很大的进展,但与发达国家相比,差距仍然很大。由于我国经济持续、快速地发展,我国城市居民家庭的电气化水平迅速提高,住宅和其他民用建筑的建设蓬勃发展,使得电气安全问题显得十分现实和迫切。因此将电气安全问题作为电气工程一个重要的专业方向进行研究,消除长期以来对电气安全问题的模糊认识,以科学的态度认识它,用工程的手段去应对它,是一项十分有意义的重要工作。

本书是建筑电气技术系列教材之一,主要供电气工程专业和安全工程专业本科生使用,也可供相关专业的学生和工程技术人员参考。

本书由天津城建大学的王悦主编,全书共3 章,其中第1 章、附录 B,C 及 F 由黄民德编写,第2 章及附录 E 由王悦编写,其中第3 章、附录 A,D 及 E 由郭福雁编写,全书由王悦统稿。在编写过程中得到了天津城建大学龚威教授的指教,并得到胡林芳、乔蕾、陈建伟、齐利晓、任月清、高瑞等同志的协助,在此表示感谢。

由于编者水平,书中难免存在缺点和错误,敬请广大读者和同行批评指正。

编　者

2015 年 5 月

目　录

第一章　概　述 ……………………………………………………………………… 1
　第一节　电气事故 ………………………………………………………………… 1
　第二节　电流的人体效应和安全电压 …………………………………………… 8
　第三节　电气绝缘 ………………………………………………………………… 13
　第四节　电气设备外壳的防护等级 ……………………………………………… 21
　思考题 …………………………………………………………………………… 23
第二章　供配电系统的电气安全防护 ……………………………………………… 24
　第一节　电气系统接地概述 ……………………………………………………… 24
　第二节　低压系统电击防护 ……………………………………………………… 32
　第三节　建筑物的电击防护 ……………………………………………………… 56
　第四节　特殊环境下对电力装置的要求 ………………………………………… 65
　思考题 …………………………………………………………………………… 81
第三章　建筑物的雷击防护 ………………………………………………………… 83
　第一节　概述 ……………………………………………………………………… 83
　第二节　防雷设施 ………………………………………………………………… 94
　第三节　建筑物防雷 ……………………………………………………………… 104
　第四节　室内信息系统的雷电防护 ……………………………………………… 109
　思考题 …………………………………………………………………………… 122
附　录 ………………………………………………………………………………… 124
　附录A　《低压用电设计规范——电气装置的电击防护》 …………………… 124
　附录B　《民用建筑电气设计规范——民用建筑物防雷》 …………………… 131
　附录C　《民用建筑电气设计规范——地和特殊场所的安全防护》 ………… 145
　附录D　浴室区域的划分 ………………………………………………………… 158
　附录E　游泳池和戏水池区域的划分 …………………………………………… 160
　附录F　电涌保护器 ……………………………………………………………… 161
参考文献 ……………………………………………………………………………… 168

第一章 概 述

第一节 电 气 事 故

电能的开发和应用给人类的生产和生活带来了巨大的变革,大大促进社会的进步和文明。在现代社会中,电能已被广泛应用于工农业生产和人民生活等各个领域。然而在用电的同时,如果对电能可能产生的危害认识不足,控制和管理不当,防护措施不利,在电能的传递和转换的过程中,将会发生异常情况,造成电气事故。

一、电气事故的类型

根据能量转移理论的观点,电气事故是由于电能非正常地作用于人体或系统所造成的。根据电能的不同作用形式,可将电气事故分为触电事故、静电危害事故、雷电灾害事故、电磁场危害和电气系统故障危害事故等。

1. 触电事故

(1)触电

①电击 这是电流通过人体,刺激机体组织,使肌肉非自主地发生全痉挛性收缩而造成的伤害,严重时会破坏人的心脏、肺部、神经系统的正常工作,形成危及生命的伤害。

电击对人体的效应是由通过的电流决定的,而电流对人体的伤害程度与通过人体电流的强度、种类、持续时间、通过途径及人体状况等多种因素有关。电击是触电事故中最危险的一种,绝大部分触电死亡事故都是由电击造成的。

②电伤 这是电流的热效应、化学效应、机械效应等对人体所造成的伤害,此伤害多见于机体的外部,往往在机体表面留下伤痕,常与电击同时发生。能够形成电伤的电流通常比较大。电伤属于局部伤害,其危险程度决定于受伤面积、受伤深度、受伤部位等,它包括电烧伤、电烙印、皮肤金属化、机械损伤、电光眼等多种伤害。

a.电烧伤

电烧伤是最为常见的电伤,大部分触电事故都含有电烧伤成分。电烧伤可分为电流灼伤和电弧烧伤。

电流灼伤是人体同带电体接触,电流通过人体时,因电能转换成的热能引起的伤害。由于人体与带电体的接触面积一般都不大,而皮肤电阻又比较高,因而在皮肤与带电体接触部位产生的热量就较多,因此使皮肤受到的灼伤比体内严重得多。电流越大、通电时间越长、电流途径上的电阻越大,则电流灼伤越严重。由于接近高压带电体时会发生击穿放电,因此电流灼伤一般发生在低压电气设备上。因电压较低,形成电流灼伤的电流不太大。但数百毫安的电流即可造成灼伤,数安的电流则会形成严重的灼伤。在高频电流下,因皮肤电容的旁路作用,有可能发生皮肤仅轻度灼伤而内部组织却被严重灼伤的情况。

电弧烧伤是由弧光放电造成的烧伤。电弧发生在带电体与人体之间,有电流通过人体的烧伤称为直接电弧烧伤;电弧发生在人体附近,对人体形成的烧伤以及被熔化金属溅落的烫伤称为间接电弧烧伤。弧光放电时电流很大,能量也很大,电弧温度高达数千摄氏度,可造成大面积的深度烧伤,严重时能将机体组织烘干、烧焦。电弧烧伤既可以发生在高压系统,也可以发生在低压系统。在低压系统,带负荷(尤其是感性负荷)拉开裸露的刀开关时,产生的电弧会烧伤操作者的手部和面部;当线路发生短路,开启式熔断器熔断时,炽热的金属微粒发生飞溅会造成灼伤;因误操作引起短路也会导致电弧烧伤。在高压系统,由于误操作,会产生强烈的电弧,造成严重的烧伤;人体过分接近带电体,其间距小于放电距离时,直接产生强烈的电弧,造成电弧烧伤,严重时会因电弧烧伤而死亡。

b. 电烙印

电烙印发生在人体与带电体有一定接触的情况下。此时在皮肤表面将留下与被接触带电体形状相似的肿块痕迹。电烙印有时在触电后并不马上出现,而是隔一段时间后才会出现。电烙印一般不发炎或化脓,但往往造成局部麻木或失去知觉。

c. 皮肤金属化

由于电弧的温度极高(中心温度可达6 000~10 000 ℃),可使周围的金属熔化、蒸发并飞溅到皮肤表面,令皮肤表面变得粗糙坚硬,其色泽与金属种类有关,如灰黄色(铅)、绿色(紫铜)、蓝绿色(黄铜)等。金属化后的皮肤经过一段时间后会自动脱落,一般不会留下不良后果。

d. 机械损伤

机械损伤多数是由于电流作用于人体,使肌肉产生非自主地剧烈收缩所造成的。其损伤包括肌腱、皮肤、血管、神经组织断裂以及关节脱位乃至骨折等。

e. 电光眼

电光性眼炎表现为角膜和结膜发炎。弧光放电时辐射的红外线、可见光、紫外线都会损伤眼睛。在短暂照射的情况下,紫外线是引起电光性眼炎的主要原因。

(2)触电方式

按照人体触及带电体的方式,主要分为直接接触触电和间接接触触电两种。此外,还有高压电场、高频电磁场、静电感应、雷击等对人体造成的伤害。

①直接接触触电

人体直接接触及过分靠近电气设备及线路的带电导体而发生的触电现象称为直接接触触电。单相触电、两相触电、电弧伤害都属于直接接触触电。

a. 单相触电

是指人体接触到地面或其他接地导体的同时,人体另一部位触及某一相带电体所引起的电击。发生电击时,所触及的带电体为正常运行的带电体时,称为直接接触电击。而当电气设备发生事故(例如绝缘损坏,造成设备外壳意外带电的情况下),人体触及意外带电体所发生的电击称为间接接触电击。根据国内外的统计资料,单相触电事故占全部触电事故的70%以上。因此防止触电事故的技术措施应将单相触电作为重点。

b. 两相触电

是指人体的两个部位同时触及两相带电体所引起的电击。在此情况下人体所承受的电压为三相系统中的线电压,因电压相对较大,其危险性也较大。

c.电弧伤害

电弧是气体间隙被强电场击穿时的一种现象。人体过分接近高压带电体会引起电弧放电,带负荷拉、合刀闸会造成弧光短路。电弧不仅使人受电击,而且使人受电伤,对人体的危害往往是致命的。

②间接接触触电

电气设备在正常运行时,其金属外壳或结构是不带电的。但当电气设备绝缘损坏而发生接地短路故障时(俗称"碰壳"或"漏电"),其金属外壳或结构便带有电压,此时人体触及就会发生触电,这称为间接接触触电。最常见的就是跨步电压触电和接触电压触电。

a.跨步电压触电

电气设备发生接地故障时,在接地电流入地点周围电位分布区(以电流入地点为圆心,半径20 m范围内)行走的人,两脚之间所承受的电位差称跨步电压,其值随人体离接地点的距离和跨步的大小而改变。离得越近或跨步越大,跨步电压就越高,反之则越小。一般人的跨步为0.8 m。

人体受到跨步电压作用时,电流将从一只脚到另一只脚与大地形成回路。触电者的症状是脚发麻、抽筋并会发生跌倒现象。跌倒后,电流可能改变路径(如从头到脚或手)而流经人体重要器官,使人致命。

跨步电压触电还可以发生在其他一些场合,如架空导线接地故障点附近或导线断落点附近、防雷接地装置附近等。

跨步电压的大小与接地电流的大小、土壤电阻率、设备接地电阻及人体位置等因素有关。当人穿有靴鞋时,由于地面和靴鞋的绝缘电阻上有压降,人体受到的接触电压和跨步电压将显著降低,因此严禁裸臂赤脚去操作电气设备。

b.接触电压触电

电气设备的金属外壳带电时,人若碰到带电外壳,造成触电,这种触电称之为接触电压触电。

接触电压是指人站在带电金属外壳旁,人手触及外壳时,其手、脚间承受的电位差。

有时触电摔跌,更甚者是从高空摔跌,会引起更严重的后果,这种事故时有发生。

2.静电危害事故

静电危害事故是由静电电荷或静电场能量引起的。在生产工艺过程中以及操作人员的操作过程中,某些材料的相对运动、接触与分离等原因导致了相对静止的正电荷和负电荷的积累,即产生了静电。由此产生的静电其能量不大,不会直接使人致命,但是其电压可能高达数十千伏乃至数百千伏,发生放电,产生放电火花。

(1)在有爆炸和火灾危险的场所,静电放电火花会成为可燃性物质的点火源,造成爆炸和火灾事故。

(2)人体因受到静电电击的刺激、可能引起二次事故,如坠落、跌伤等。此外,对静电电击的恐惧心理还对工作效率产生不利影响。

(3)某些生产过程中,静电的物理现象会对生产产生妨碍,导致产品质量不良,电子设备损坏,造成生产故障,乃至停工。

3.雷电灾害事故

雷电是大气中的一种放电现象。雷电放电具有电流大、电压高的特点,其能量释放出来可能形成极大的破坏力。

(1)直击雷放电、二次放电、雷电流的热量会引发火灾和爆炸。

(2)雷电的直接击中、金属导体的二次放电、跨步电压的作用及火灾与爆炸的间接作用，均会造成人员的伤亡。

(3)强大的雷电流、高电压可导致电气设备击穿或烧毁。发电机、变压器、电力线路等遭受雷击，可导致大规模停电事故。雷击可直接毁坏建筑物、构筑物。

4. 射频电磁场危害

射频指无线电波的频率或者相应的电磁振荡频率，泛指 100 kHz 以上的频率。射频伤害是由电磁场的能量造成的。

(1)在射频电磁场作用下，人体会吸收辐射能量并受到不同程度的伤害，过量的辐射可引起中枢神经系统的机能障碍，出现神经衰弱症候群等临床症状；可造成植物神经紊乱，出现心率或血压异常，如心动过缓、血压下降或心动过速、高血压等；可引起眼睛损伤，造成晶体浑浊，严重时导致白内障；可使睾丸发生功能失常，造成暂时或永久的不育症，并可能使后代产生疾患；可造成皮肤表层灼伤或深度灼伤等。

(2)在高强度的射频电磁场作用下，可能产生感应放电、会造成电引爆器件发生意外引爆。感应放电对具有爆炸、火灾危险的场所来说是一个不容忽视的危险因素。此外，受电磁场作用感应出的电压较高时，会给人以明显的电击。

5. 电气系统故障危害

电气系统故障危害是由于电能在输送、分配、转换过程中失去控制而产生的。断线、短路、异常接地、漏电、误合闸、误掉闸、电气设备或电气元件损坏、电子设备受电磁干扰而发生误动作等都属于电路故障。系统中电气线路或电气设备的故障也会导致人员伤亡及重大财产损失。

(1)引起火灾和爆炸　线路、开关、熔断器、插座、照明器具、电热器具、电动机等均可能引起火灾和爆炸；电力变压器、多油断路器等电气设备不仅有较大的火灾危险，还有爆炸的危险。在火灾和爆炸事故中，电气火灾和爆炸事故占很大的比例。就引起火灾的原因而言，电气原因仅次于一般明火而位居第二。

(2)异常带电　电气系统中，原本不带电的部分因电路故障而异常带电，可导致触电事故发生。例如，电气设备因绝缘不良产生漏电，使其金属外壳带电；高压电路故障接地时，在接地处附近呈现出较高的跨步电压，形成触电的危险条件。

(3)异常停电　在某些特定场合，异常停电会造成设备损坏和人身伤亡。如正在浇注钢水的吊车，因骤然停电而失控，导致钢水洒出，引起人身伤亡事故；医院手术室可能因异常停电而被迫停止手术，无法正常施救而危及病人生命；排出有毒气体的风机因异常停电而停转，致使有毒气体超过允许浓度而危及人身安全等；公共场所发生异常停电，会引起妨碍公共安全的事故；异常停电还可能引起电子计算机系统的故障，造成难以挽回的损失。

二、电气事故的特征

1. 非直观性

由于电既看不到、听不到，又嗅不着，其本身不具备人们直观所识别的特征，因此其潜在危险就不易为人们所察觉。比如若水容器出现破裂，水就会漏出，直观上就可知道容器出现了破损,但若电气设备的绝缘发生了破坏,有电压加在设备外壳上,这时凭人的感官是无法知道设备发生了漏电的,这就给电击事故的发生创造了条件。

2.途径广

比如电击伤害,大的方面可分为直接电击与间接电击,再细分下去,有设备漏电产生的电击,也有带电体接触到电气装置以外的导体(如水管等)而发生的电击,还有可能因 PE 线断线造成设备外壳带电而发生电击。再比如雷电危害,可能因闪电产生的机械能损坏建筑物,也可能因闪电的热能引发火灾,还可能因雷电流下泄产生的电磁感应过电压损坏设备或产生火花击穿,或者接地体散流场产生跨步电压造成电击伤害等。由于供配电系统所处环境复杂,电气危害产生和传递的途径也极为多样,这就使得对电气危害的防护十分困难和复杂,需要周密、细致和全面的考虑。

3.能量范围广,能量谱密度分布也多种多样

大的如雷电能量,雷电流可达数百千安,高频且直流成分大;小的如电击电流,以工频电流为主,电流仅为毫安级。对于大能量的危害,合理控制能量的泄放是主要的防护手段,因此泄放能量的能力大小是保护设施的重要指标;而对小能量的危害,能否灵敏地感知这种危害是防护的关键,因此保护设施的灵敏性又成了重要的技术指标。

4.作用时间长短不一

短者如雷电过程,持续时间仅为微秒级;长者如导线间的间歇性电弧短路,通常要持续数分钟至数小时才会引发火灾;而电气设备的轻度过载,持续时间可达若干年,使绝缘的寿命缩短,最终才因绝缘损坏而产生漏电、短路或火灾。对不同持续时间的电气危害,其保护设施的响应速度和方式也应有所不同。

5.不同危害之间的关联性

如绝缘损坏导致短路,而短路又可能引发绝缘燃烧;又如建筑物防雷装置可极大地减小雷击产生的破坏,但雷电流在防雷装置中通过时又可能产生反击、感应过电压、低压配电系统中性点电位升高等新的危害。因此电气危害的防护应该是全面的,不能只顾一点而不及其余。

三、触电事故的规律

大量的统计资料表明,触电事故的分布是有规律性的。触电事故的分布规律为制定安全措施、最大限度地减少触电事故发生率提供了有效依据。根据国内外的触电事故统计资料分析,触电事故的分布具有如下规律。

(1)触电事故季节性明显

一年之中,二三季度是事故多发期,尤其在 6~9 月份最为集中。首先,其原因主要是这段时间正值炎热季节,人体穿着单薄且皮肤多汗,相应增大了触电的危险性。其次,这段时间潮湿多雨,电气设备的绝缘性能有所降低。再次,这段时间许多地区处于农忙季节,用电量增加,农村触电事故也随之增加。

(2)低压设备触电事故多

低压触电事故远多于高压触电事故,其原因主要是低压设备远多于高压设备,而且缺乏电气安全知识的人员多是与低压设备接触,因此应将低压方面作为防止触电事故的重点。

(3)携带式设备和移动式设备触电事故多

这主要是因为这些设备经常移动、工作条件较差,容易发生故障。另外在使用时需要手紧握进行操作。

（4）电气连接部位触电事故多

在电气连接部位机械牢固性较差，电气可靠性也较低，是电气系统的薄弱环节，较易出现故障。

（5）农村触电事故多

这主要是因为农村用电条件较差，设备简陋，技术水平低，管理不严，电气安全知识缺乏等。

（6）冶金、矿业、建筑、机械行业触电事故多

这些行业存在工作现场环境复杂，潮湿、高温，移动式设备和携带式设备多，现场金属设备多等不利因素，使触电事故相对较多。

（7）青年、中年人以及非电工人员触电事故多

这主要是因为这些人员是设备操作人员的主体，他们直接接触电气设备，部分人还缺乏电气安全的知识。

（8）误操作事故多

这主要是由于防止误操作的技术措施和管理措施不完备造成的。

触电事故的分布规律并不是一成不变的，在一定条件下，也会发生变化。例如对电气操作人员来说，高压触电事故反而比低压触电事故多，而且通过在低压系统推广漏电保护装置，使低压触电事故大大降低，可使低压触电事故与高压触电事故的比例发生变化。上述规律对于电气安全检查、电气安全工作计划、实施电气安全措施以及电气设备的设计、安装和管理等工作提供了重要的依据。

四、触电防护措施

1. 直接触电防护

直接触电是指人体与正常工作中的裸露带电部分直接接触而遭受电击，其主要防护措施如下。

（1）将裸露带电部分包以适合的绝缘。

（2）设置遮拦或外护物以防止人体与裸露带电部分接触。

（3）设置阻挡物以防止人体无意识地触及裸露带电部分。

阻挡物可不用钥匙或工具就能移动，但必须固定住，以防无意识的移动。这一措施只适用于专业人员。

（4）将裸露带电部分置于人的伸臂范围以外。

伸臂范围从预计有人的场所的站立面算起、直到人能用手打到的界限为止。置于伸臂范围之外的防护，就是严禁在伸臂范围以内存在具有不同电位的且能同时被人触及的部分。

如图 1-1 所示为极限伸臂范围。这个极限是按人体测量学给出的人体统计尺寸，并考虑了适当的安全裕度规定的。图中 S 为人的站立面，当人站立处前方有阻挡物时，伸臂范围应从阻挡物算起。从 S 面算起的向上的伸臂范围为 2.5 m，在常有人手持长或大的物体的场所，伸臂范围尚应适当加大。图中 1.25 m 和 0.75 m 分别为平伸、蹲坐、屈膝、跪、俯卧等姿势的伸臂范围极限。

（5）采用漏电电流动作保护器的附加防护。

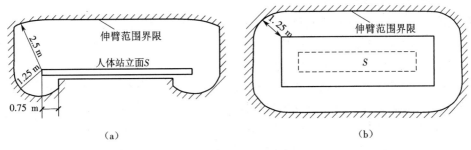

图 1-1 伸臂范围的规定距离

(a)俯视图;(b)顶视图

漏电电流动作保护器又称剩余电流动作保护器,它是一种在规定条件下当漏电电流达到或超过给定值时,能自动切断供电开关电器或组合电器,通常用于故障情况下自动切断供电的防护。

将保护器的动作电流限定在 30 mA 以内,是考虑到该电流在正常环境条件下,短时间内通过人体不会造成器官的损害。

应特别指出,正常工作条件下的直接接触防护不能单独用漏电电流动作保护替代,这种保护只能作为上述(1)~(4)项防直接触电保护措施的后备措施。

2. 间接触电防护

因绝缘损坏,致使相线与 PE 线、外露可导电部分、装置外可导电部分以及大地间的短路称为接地故障。这时原来不带电压的电气装置外露可导电部分或装置外可导电部分将呈现故障电压。人体与之接触而招致的电击称之为间接触电,其主要的防护措施如下。

(1)用自动切断电源的保护(包括漏电电流动作保护),并辅以总等电位连接。

(2)使工作人员不致同时触及两个不同电位点的保护。

(3)使用双重绝缘或者加强绝缘的保护。

(4)用不接地的局部等电位连接的保护。

(5)采用电气隔离。

五、用电安全的基本要求

(1)电气装置在使用前,应确认其已经国家指定的检验机构检验合格或认可。

(2)电气装置在使用前,应确认其符合相应环境要求和使用等级要求。

(3)电气装置在使用前,应认真阅读产品使用说明书,了解使用可能出现的危险以及相应的预防措施,并按产品使用说明书的要求正确使用。

(4)用电单位或个人应掌握所使用的电气装置的额定容量、保护方式和要求、保护装置的整定值和保护元件的规格。不得擅自更改电气装置或延长电气线路。不得擅自增大电气装置的额定容量,不得任意改动保护装置的整定值和保护元件的规格。

(5)任何电气装置都不应超负荷运行或带故障使用。

(6)用电设备和电气线路的周围应留有足够的安全通道和工作空间。电气装置附近不应堆放易燃、易爆和腐蚀性物品。禁止在架空线上放置或悬挂物品。

(7)使用的电气线路须具有足够的绝缘强度、机械强度和导电能力并应定期检查。禁止使用绝缘老化或失去绝缘性能的电气线路。

(8)软电缆或软线中的绿/黄双色线在任何情况下只能用作保护线。

(9)移动使用的配电箱(板)应采用完整的、带保护线的多股铜芯橡皮护套软电缆或护套软线作为电源线,同时应装设漏电保护器。

(10)插头与插座应按规定正确接线,插座的保护接地极在任何情况下都必须单独与保护线可靠连接。严禁在插头(座)内将保护接地极与工作中性线连接在一起。

(11)在儿童活动的场所,不应使用低位置插座,否则应采取防护措施。

(12)浴室、蒸汽房、游泳池等潮湿场所内不应使用可移动的插座。

(13)在使用移动式的Ⅰ类设备时,应先确认其金属外壳或构架已可靠接地,使用带保护接地极的插座,同时宜装设漏电保护器,禁止使用无保护线插头插座。

(14)正常使用时会产生飞溅火花、灼热飞屑或外壳表面温度较高的用电设备,应远离易燃物质或采取相应的密闭、隔离措施。

(15)手提式和局部照明灯具应选用安全电压或双重绝缘结构。在使用螺口灯头时,灯头螺纹端应接至电源的工作中性线。

(16)用电设备在暂停或停止使用、发生故障或遇突然停电时均应及时切断电源,必要时应采取相应技术措施。

(17)当保护装置动作或熔断器的熔体熔断后,应先查明原因、排除故障,并确认电气装置已恢复正常后才能重新接通电源、继续使用。更换熔体时不应任意改变熔断器的熔体规格或其他导线代替。

(18)当电气装置的绝缘或外壳损坏,可能导致人体触及带电部分时,应立即停止使用,并及时修复或更换。

(19)禁止擅自设电网、电围栏或用电具捕鱼。

(20)露天使用的用电设备、配电装置应采取防雨、防雪、防雾和防尘的措施。

(21)禁止利用大地作为工作中性线。

(22)禁止将暖气管、煤气管、自来水管道作为保护线使用。

(23)用电单位的自备发电装置应采取与供电电网隔离的措施,不得擅自并入电网。

(24)当发生人身触电事故时,应立即断开电源,使触电人员与带电部分脱离,并立即进行急救。在切断电源之前禁止其他人员直接接触触电人员。

第二节　电流的人体效应和安全电压

一、电流通过人体时的效应

电对人的伤害主要是电流流经人体后产生的,因此研究电流通过人体时所产生的效应,是电气安全方面的一个基础性课题。

经过各国科学家几十年的努力,目前在电流通过人体的效应的研究方面已取得了显著的成果。本节着重阐述15～100 Hz交流电通过人体时的效应,专家们提出了三个不同性质的效应阈。一是"感觉阈",即人对电流开始有所觉察;二是"摆脱阈",即人对所握持的电极能自主摆脱;三是"室颤阈",即会发生致命的心室纤维性颤动(以下简称室颤)。这三个效应阈阈值如下:"感觉阈"0.5 mA,与通电时间长短无关;"摆脱阈"约 10 mA;"室颤阈"与通电时间密切相关,以曲线形式表达(图 1-2 曲线 c)。

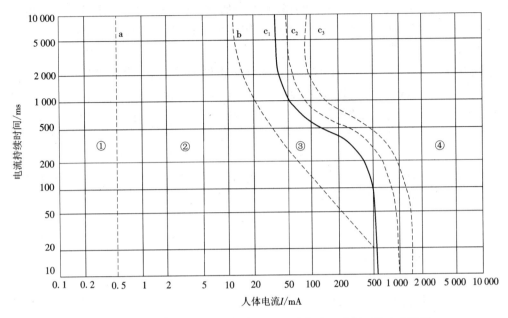

图 1-2　15～100 Hz 交流电流流过人体时的电流—时间—效应分区图

1. 电流、通电时间与电流的效应关系

图 1-2 是 15～100 Hz 交流电通过人体时的电流—时间—效应分区图,它反映了电流、通电时间与电流的效应这三者的关系。图中分为四个区域,区域①是无效应区,在这个区域内人对电流通常无感觉,线条 a 即为"感觉阈";区域②为无有害生理效应区,"摆脱阈"处在这个区域中;区域③为有病态生理效应而无器质性损伤的区域,但可能出现肌肉疼挛、呼吸困难和可逆性的心房纤维性颤动,随着电流和通电时间的增加,可引起非室颤的短暂的心脏停搏;区域④除了有区域③的病态生理效应外,还可能出现室颤。曲线 c 反映的就是"室颤阈"。曲线 c_1 与 c_2 之间的区域,室颤的发生概率约为 5%;曲线 c_2 与 c_3 之间的区域,室颤的发生概率约为 50%;曲线 c_3 以右的区域,室颤的发生概率在 50% 以上。随着电流和通电时间的增加,可能出现心脏停搏、呼吸停止和严重灼伤。

图 1-2 中的曲线 c 呈现阶梯形,它反映的是国际上在这个领域里的最新研究成果,即室颤阈值与通电时间的密切相关性,而且以一个心跳周期(人的心跳周期约为 750 ms)为中心,呈现出两个不同水平的"台阶"。通电时间短于一个心跳周期时,室颤阈值处于高水平台阶上,两个台阶之间差值较大。

触电时,通过人体的电流的大小是决定人体伤害程度的主要原因之一。通过人体的电流越大,人体的生理反应越强烈,对人体的伤害就越大。按照人体对电流的生理反应强弱和电流对人体的伤害程度,可将电流分为感知电流、摆脱电流和致命电流三种。

(1)感知电流

感知电流又称感觉电流,是指引起人体感觉但无生理反应的最小电流值。感知电流流过人体时,对人体不会有伤害。实验表明:对于不同的人、不同性别的人感知电流是不同的。一般来说,成年男性的平均感知电流:交流(工频)为 1.1 mA;直流为 5.2 mA。成年女性的平均感知电流:交流(工频)为 0.7 mA;直流为 3.5 mA。

感知电流还与电流的频率有关,随着频率的增加,感知电流的数值也相应增加。例如当频率从 50 Hz 增加到 5 000 Hz 时,成年男性的平均感知电流将从 1.1 mA 增加到 7 mA。

(2)摆脱电流

摆脱电流是指人体触电后,在不需要任何外来帮助的情况下,能自主摆脱电源的最大电流。实验表明,在摆脱电流作用下,由于触电者能自行脱离电源,所以不会有触电的危险。成年男性的平均摆脱电流:交流(工频)为 16 mA;直流为 76 mA。成年女性的平均摆脱电流:交流(工频)为 10.5 mA;直流为 51 mA。

(3)致命电流

心室颤动电流是指人体触电后,引起心室颤动概率大于 5% 的极限电流。当触电时间小于 5 s 时,心室颤动电流的计算式为

$$I = \frac{116}{\sqrt{t}} \tag{1-1}$$

式中 I——心室颤动电流,mA;

　　　t——触电持续时间,s。

该式所允许的时间范围是 0.01 ~ 0.5 s。当触电持续时间大于 5 s 时,则以 30 mA 作为心室颤动的极限电流。这个数值是通过大量的试验结果得出来的。因为当流过人体的电流大于 30 mA 时,才会有发生心室颤动的危险。

2. 影响电流对人体伤害程度的其他因素

(1)触电电压的高低

一般而言,当人体电阻一定时,触电电压越高,流过人体的电流越大,危险性也就越大。

(2)电流通过人体的持续时间

在其他条件都相同的情况下,电流通过人体的持续时间越长,对人体的伤害程度就越高。这是由于以下几种原因造成的。

①通电时间越长,电流在心脏间隙期内通过心脏的可能性越大,因而引起心室颤动的可能性越大。

②通电时间越长,对人体组织的破坏越严重,电流的热效应和化学效应将会使人体出汗和组织碳化,从而使得人体电阻逐渐降低,流过人体的电流逐渐增大。

③通电时间越长,体内能量的积累越多,因此引起心室颤动所需要的电流也越小。

(3)电流流过人体的途径

这种触电伤害程度影响很大。电流通过心脏,会引起心室颤动,较大的电流还会使心脏停止跳动。电流通过中枢神经或脊椎时,会引起有关的生理机能失调,如窒息致死等。电流通过脊椎时,会使人截瘫。电流通过头部时,会使人昏迷,若电流较大时,会对大脑产生严重伤害而致死,所以当电流从左手到胸部、从左手到右手、从颅顶到双脚是最危险的电流途径。从右脚到胸部、从右手到脚、从手到手的电流途径也很危险。从脚到脚的电流途径,一般危险性较小,但不等于没有危险。例如跨步电压触电时,开始电流仅通过两脚,触电后由于双脚剧烈痉挛而摔倒,此时电流就会流经其他要害部位,同样会造成严重后果。另外,即使是两脚触电,也会有一部分电流流经心脏,同样会带来危险。当电流仅通过肌肉、肌腱时,即使造成严重的电灼伤

甚至碳化,对生命也不会造成危险。

(4)电流的种类及频率的高低

实验表明,在同一电压作用下,当电流频率不同时,对人体的伤害程度也不相同。直流电对人体的伤害较轻;20~400 Hz 交流电危害较大,其中又以 50~60 Hz 工频电流的危险性最大。超过 1 000 Hz,其危险性会显著减小。频率在 20 kHz 以上的交流电对人体无伤害,所以在医疗上利用高频电流做理疗,但电压过高的高频电流仍会使人触电致死。且高频电流比工频电流更容易引起电灼伤,千万不可忽视。

直流电的触电危险性比交流电小,除了由于频率因数的影响外(直流电的频率为零),还因为交流电表示的是有效值,它的最大值是有效值的 $\sqrt{2}$ 倍,而直流电的大小确是恒定不变的。例如 220 V 交流电,它的最大值是 311 V,而 220 V 的直流电却始终是 220 V。

(5)人体的状况

①触电者的性别、年龄、健康状况、精神状态和人体电阻都会对触电后果产生影响。例如患心脏病、结核病、内分泌器官疾病的人,由于自身抵抗力低下,触电后果更为严重。处在精神状态不良、心情忧郁或醉酒中的人,触电危险性较大。相反,一个身心健康、经常锻炼的人,触电的后果相对来说会轻些。妇女、儿童、老年人以及体重较轻的人耐受电流刺激的能力相对弱一些,触电的后果比青壮年男子严重。

②人体电阻的大小是影响触电后果最重要的物理因素。显然,当触电电压一定时,人体电阻越小,流过人体的电流就越大,危险性也就越大。可见,通过人体的电流大小不同,引起的人体生理反应也不同,而通过人体电流的大小,主要与接触电压和电流通路的阻抗有关。对于供配电系统来说,容易计算的反映电击危险性的电气参量在大多数情况下是接触电压,因此只有知道了人体阻抗,才能推算出流过人体的电流大小,从而正确地评估电击危险性,这就是研究人体阻抗的原因。

人体阻抗由皮肤阻抗和人体内阻抗构成,其总阻抗呈阻容性,等效电路如图 1-3 所示。皮肤可视为是由半绝缘层和许多小的导电体(毛孔)组成的电阻电容网络。当电流增加时皮肤阻抗会降低,皮肤阻抗也会随频率的增加而下降,它与接触面积、湿度、是否受伤等因素关系较

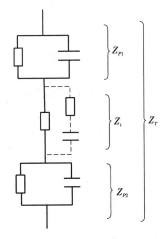

图 1-3 人体阻抗的等效电路

Z_i—体内阻抗;Z_{P1},Z_{P2}—皮肤阻抗;Z_T—总阻抗

大。人体内阻抗基本上是阻容性的,其数值由电流通路决定,接触表面积所占成分较小,但当接触表面积小至几个平方毫米时,人体内阻抗就会增大。

人体总阻抗由电流通路、接触电压、通电时间、频率、皮肤湿度、接触面积、施加压力和温度等因素共同确定。研究发现,当接触电压约在 50 V 以下时,由于皮肤阻抗 Z_P 的变化很大(即使对同一个人也如此),人体总阻抗 Z_T 也同样有很大变化;随着接触电压的升高,人体总阻抗越来越不取决于皮肤阻抗;当皮肤被击穿破损后,人体总阻抗值接近于人体内阻抗 Z_i。

人体总阻抗呈阻容性。活人体阻抗与接触电压关系的统计值如图 1-4 所示。从图中可见,当接触电压为 220 V 时,只有 5% 的人的人体阻抗小于 1 000 Ω,而阻抗小于 2 125 Ω 的人占受试总人数的 95%,即有 90% 的人体阻抗在 1 000 ~ 2 125 Ω 之间。

人体总阻抗值与频率呈负相关性,这可能是因为皮肤容抗随频率的增加而下降,从而导致总阻抗降低的缘故。

综上所述,在正常环境下人体总阻抗的典型值可取为 1 000 Ω,而在人体接触电压出现的瞬间,由于电容尚未充电(相当于短路),皮肤阻抗可忽略不计,这时的人体总阻抗称为初始电阻 R_i,R_i 约等于人体内阻抗 Z_i,典型取值为 500 Ω。

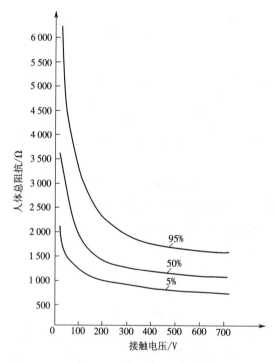

图1-4　接触电压为 700 V 以下时适用于活体的人体总阻抗统计图

二、人体允许电流

人体允许电流是指对人体没有伤害的最大电流。

电流流过人体时,由于每个人的生理条件不同,对电流的反映也不相同。有的人敏感一些,即使通过几毫安的工频电流也忍受不了,有的人甚至通过几十毫安的工频电流也不在乎。因此很难确定一个对每个人都很适用的允许电流值。一般而言,只要流过人体的电流不大于摆脱电流值,触电人都能自主地摆脱电源,从而避免触电的危险,因此一般可以把摆脱电流值看作是人体的允许电流。但为了安全起见,成年男性的允许工频电流为 9 mA,成年女性的允许工频电流为 6 mA。在空中、水面等处可能因电击导致高空摔跌、溺死等二次伤害的地方,人体的允许工频电流 5 mA。当供电网络中装有防止触电的速断保护装置时,人体的允许工频电流为 30 mA。对于直流电源,人体允许电流为 50 mA。

三、安全电压

在供配电系统中,直接用通过人体的电流来检验电击危险性甚为不便,一般比较容易检验的是接触电压,因此 IEC 提出了接触电压—时间曲线,如图 1-5 所示。图中有两条曲线和,分别代表正常和潮湿环境条件下的电压—时间关系,发生在曲线左侧区域的触电被认为是不致命的。从图上可知,不论通电时间多长,正常环境条件下的安全电压为 50 V,潮湿环境条件下的安全电压为 25 V。这两个数值是对大多数电击防护措施的效果进行评价的依据性数据。

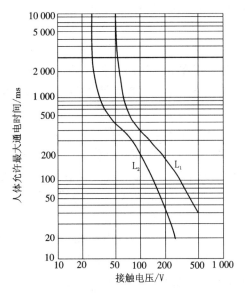

图 1-5 不同接触电压下人体允许最大通电时间
L_1—正常环境条件;L_2—潮湿环境条件

第三节　电　气　绝　缘

电气绝缘是指利用绝缘材料对带电体进行封闭和隔离。长久以来,绝缘一直是作为防止触电事故的重要措施,良好的绝缘也是保证电气系统正常运行的基本条件。

一、绝缘材料的分类

绝缘材料又称为电介质,其导电能力很小,但并非绝对不导电。工程上应用的绝缘材料的电阻率一般都不低于 10^7 Ω·m。绝缘材料的主要作用是用于对带电的或不同电位的导体进行隔离,使电流按照确定的线路流动。

(1)气体绝缘材料　常用的有空气、氮、氢、二氧化碳和六氟化硫等。六氟化硫气体作为一种绝缘性能优良的气体绝缘介质被广泛用于高压断路器、气体绝缘封闭式组合电器 GIS（Gas Insulated Switchgear）。

(2)液体绝缘材料　常用的有从石油原油中提炼出来的绝缘矿物油、十二烷基苯、聚丁二烯、砖油和三氯联苯等合成油以及蓖麻油。实际中常用的变压器油、电容器油和电缆油均属于液体绝缘材料。

(3)固体绝缘材料　常用的有树脂绝缘漆、纸、纸板等绝缘纤维制品；漆布、漆管和绑扎带等绝缘浸渍纤维制品；绝缘云母制品；电工用薄膜、复合制品；黏带、电工用层压制品；电工用塑料和橡胶、玻璃、陶瓷等。固体绝缘材料用得最多，这是因为除了绝缘作用外，固体绝缘还能起到支撑带电体的作用。

电气设备的质量和使用寿命在很大程度上取决于绝缘材料的电、热、机械和理化性能，而绝缘材料的性能和寿命与材料的组成成分、分子结构有着密切的关系，同时还与绝缘材料的使用环境有着密切关系，因此应当注意绝缘材料的使用条件，以保证电气系统的正常运行。

二、绝缘材料的电气性能

绝缘材料的电气性能主要表现在电场作用下材料的导电性能、介电性能及绝缘强度。它们分别以绝缘电阻率、相对介电常数，介质损耗角及击穿场强四个参数来表示。

1. 绝缘电阻率和绝缘电阻

任何电介质都不可能是绝对的绝缘体，总存在一些本身离子和杂质离子。在电场的作用下，它们可做有方向的运动，形成漏导电流，通常又称为泄漏电流。材料绝缘性能的好坏，主要由绝缘材料所具有的电阻（绝缘电阻）大小来反映。其值为加于绝缘物上的直流电压与流经绝缘物的电流（泄漏电流）之比，单位为 Ω（欧姆）。而绝缘电阻率是绝缘材料所在电场强度与通过绝缘材料的电流密度之比，单位为欧姆·米（$\Omega \cdot m$）。在外加电压作用下的绝缘材料的等效电路如图 1-6(a)所示；在直流电压作用下的电流如图 1-6(b)所示。图中电阻支路的电流即为漏导电流；流经电容和电阻串联支路的电流称为吸收电流，是由缓慢极化和离子体积电荷形成的电流；电容支路的电流称为充电电流。

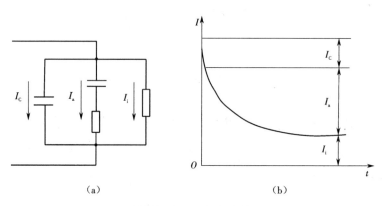

（a）　　　　　　　　　　　（b）

图 1-6　绝缘材料等效电路及电流曲线图

(a)等效电路；(b)电流曲线

绝缘电阻率和绝缘电阻分别是绝缘结构和绝缘材料的主要电气性能参数之一。

温度、湿度、杂质含量的增加都会降低电介质的电阻率。

温度升高时,分子热运动加剧,使离子容易迁移,电阻率按指数规律下降。

当湿度升高时,一方面水分的浸入使电介质增加了导电离子,使绝缘电阻下降;另一方面,对亲水物质,表面的水分还会大大降低其表面电阻率。电气设备特别是户外设备,在运行过程中,往往因受潮引起边缘材料电阻率下降、造成泄漏电流过大而使设备损坏,因此为了预防事故的发生,应定期检查设备绝缘电阻的变化。

杂质的含量增加,增加了内部的导电离子,也使电介质表面污染并吸附水分,从而降低了体积电阻率和表面电阻率。

在较高的电场强度作用下,固体和液体电介质的离子迁移能力随电场强度的增强而增大,使电阻率下降。当电场强度临近电介质的击穿电场强度时,因出现大量电子迁移,使绝缘电阻按指数规律下降。

2. 介电常数

电介质在处于电场作用下时,电介质中分子、原子中的正电荷和负电荷发生偏移,使得正、负电荷的中心不再重合,形成电偶极子。电偶极子的形成及其定向排列称为电介质的极化。电介质极化后,在电介质表面上产生束缚电荷,束缚电荷不能自由移动。

介电常数是表明电介质极化特征的性能参数。介电常数越大,电介质极化能力越强,产生的束缚电荷就越多。束缚电荷也产生电场,且该电场总是削弱外电场的。

绝缘材料的介电常数受电源频率、温度、湿度等因素而产生变化。

随频率增加,有的极化过程在半周期内来不及完成,以致极化程度下降,介电常数减小。

随温度增加,偶极子转向极化易于进行,介电常数增大,但当温度超过某一限度后,由于热运动加剧,极化反而困难一些,介电常数减小。

随湿度增加,材料吸收水分,由于水的相对介电常数很高(在80左右),且水分的侵入能增加极化作用,使得电介质的介电常数明显增加。因此通过测量介电常数,能够判断电介质受潮程度等。

大气压力对气体材料的介电常数有明显影响,压力增大,密度就增大,相对介电常数也增大。

3. 介质损耗

在交流电压作用下,电介质中的部分电能不可逆地转变成热能,这部分能量叫作介质损耗。单位时间内消耗的能量叫作介质损耗功率。介质损耗一种是由漏导电流引起的;另一种是由于极化所引起的。介质损耗使介质发热,这是电介质发生热击穿的根源。

影响绝缘材料介质损耗的因素主要有频率、温度、湿度、电场强度和辐射。影响过程比较复杂,从总的趋势来说,随着上述因素的增强,介质损耗增加。

三、绝缘的破坏

在电气设备的运行过程中,绝缘材料会由于电场、热、化学、机械、生物等因素的作用,使绝缘性能发生劣化。绝缘破坏可能导致电击、电烧伤、短路、火灾等事故。绝缘破坏有绝缘击穿、绝缘老化、绝缘损坏三种方式。

1. 绝缘击穿

当施加于电介质上的电场强度高于临界值时,会使通过电介质的电流突然猛增,这时绝缘材料被破坏,完全失去了绝缘性能,这种现象称为电介质的击穿。发生击穿时的电压称为击穿电压,击穿时的电场强度简称击穿场强。

(1)气体电介质的击穿

气体击穿是由碰撞电离导致的电击穿。在强电场中,气体的带电质点(主要是电子)在电场中获得足够的动能,当它与气体分子发生碰撞时,能够使中性分子电离为正离子和电子。新形成的电子又在电场中积累能量而碰撞其他分子,使其电离,这就是碰撞电离。碰撞电离过程是一个连锁反应过程。每一个电子碰撞产生一系列新电子,因而形成电子崩。电子崩向阳极发展,最后形成一条具有高电导的通道,导致气体击穿。

在工程上常采用高真空和高气压的方法来提高气体的击穿场强。空气的击穿场强约为 $25 \sim 30$ kV/cm。气体绝缘击穿后能自己恢复绝缘性能。

(2)液体电介质的击穿

液体电介质的击穿特性与其纯净度有关,一般认为纯净液体的击穿与气体的击穿机理相似,是由电子碰撞电离最后导致击穿。但液体的密度大,电子自由行程短,积聚能量小,因此击穿场强比气体高。工程上液体绝缘材料不可避免地含有气体、液体和固体杂质,如液体中含有乳化状水滴和纤维时,由于水和纤维的极性强,在强电场的作用下使纤维极化而定向排列,并运动到电场强度最高处连成小桥,小桥贯穿两电极间引起电导剧增,局部温度骤升,最后导致击穿。例如,变压器油中含有极少量水分就会大大降低油的击穿场强。

为此,在液体绝缘材料使用之前,必须对其进行纯化、脱水、脱气处理;在使用过程中应避免这些杂质的侵入。

液体电介质击穿后,绝缘性能在一定程度上可以得到恢复,但经过多次液体击穿将可能导致液体失去绝缘性能。

(3)固体电介质的击穿

固体电介质的击穿有电击穿、热击穿、电化学击穿、放电击穿等形式。

①电击穿　这是固体电介质在强电场作用下,其内少量处于导带的电子剧烈运动,与晶格上的原子(或离子)碰撞而使之游离,并迅速扩展下去导致的击穿。电击穿的特点是电压作用时间短,击穿电压高。电击穿的击穿场强与电场均匀程度密切相关,但与环境温度及电压作用时间几乎无关。

②热击穿　这是固体电介质在强电场作用下,由于介质损耗等原因所产生的热量不能够及时散发出去,会因温度上升,导致电介质局部熔化、烧焦或烧裂,最后造成击穿。热击穿的特点是电压作用时间长,击穿电压较低。热击穿电压随环境温度上升而下降,但与电场均匀程度关系不大。

③电化学击穿　这是固体电介质在强电场作用下,由游离、发热和化学反应等因素的综合效应造成的击穿。其特点是电压作用时间长,击穿电压往往很低。它与绝缘材料本身的耐游离性能、制造工艺、工作条件等因素有关。

④放电击穿　这是固体电介质在强电场作用下,内部气泡首先发生碰撞游离而放电,继而加热其他杂质,使之汽化形成气泡,由气泡放电进一步发展,导致击穿。放电击穿的击穿电压与绝缘材料的质量有关。

固体电介质一旦击穿,将失去其绝缘性能。

实际上,绝缘结构发生击穿,往往是电、热、放电、电化学等多种形式同时存在,很难截然分开。一般而言,脉冲电压下的击穿一般属电击穿。当电压作用时间达数十小时乃至数年时,大多数属于电化学击穿。

2. 绝缘老化

电气设备在运行过程中,其绝缘材料由于受热、电、光、氧、机械力(包括超声波)、辐射线、微生物等因素的长期作用,产生一系列不可逆的物理变化和化学变化,导致绝缘材料的电气性能和力学性能的劣化。

绝缘老化过程十分复杂,就其老化机理而言,主要有热老化机理和电老化机理。

(1)热老化

一般在低压电气设备中,促使绝缘材料老化的主要因素是热。每种绝缘材料都有其极限耐热温度,当超过这一极限温度时,其老化将加剧,电气设备的寿命就缩短。在电工技术中,常把电动机和电器中的绝缘结构和绝缘系统按耐热等级进行分类。表 1-1 所列是我国绝缘材料标准规定的绝缘耐热分级的极限温度。

表 1-1　绝缘耐热分级及其极限温度

耐热分级	极限温度/℃	耐热分级	极限温度/℃
Y	90	F	155
A	105	H	180
E	120	C	>180
B	130	—	—

通常情况下,工作温度越高,材料老化就越快。按照表 1-1 允许的极限工作温度,即按照耐热等级、绝缘材料分为若干级别。Y 级的绝缘材料有木材、纸、棉花及其纺织品等;A 级绝缘材料有沥青漆、漆布、漆包线及浸渍过的 Y 级绝缘材料;E 级绝缘材料有玻璃布、油性树脂漆、聚酯薄膜与 A 级绝缘材料的复合、耐热漆包线等;B 级绝缘材料有玻璃纤维、石棉、聚酯漆、聚酯薄膜等;F 级绝缘材料有玻璃漆布、云母制品、复合硅有机树脂漆和以玻璃丝布、石棉纤维为基础的层压制品;H 级绝缘材料有复合云母、硅有机漆、复合玻璃布等;C 级绝缘材料有石英、玻璃、电瓷等。

(2)电老化

它主要是由局部放电引起的。在高压电气设备中,促使绝缘材料老化的主要原因是局部放电。局部放电时产生的臭氧、氮氧化物、高速粒子都会降低绝缘材料的性能,局部放电还会使材料局部发热,促使材料性能恶化。

3. 绝缘损坏

绝缘损坏是指由于不正确选用绝缘材料,不正确地进行电气设备及线路的安装,不合理地使用电气设备等,导致绝缘材料受到外界腐蚀性液体、气体、蒸气、潮气、粉尘的污染和侵蚀,或受到外界热源、机械因素的作用,在较短的时间内失去其电气性能或力学性能的现象。另外,动物和植物也可能破坏电气设备和电气线路的绝缘结构。

四、绝缘检测和绝缘试验

绝缘检测和绝缘试验的目的是检查电气设备或线路的绝缘指标是否符合要求。主要包括绝缘电阻试验、耐压试验、泄漏电流试验和介质损耗试验。其中泄漏电流试验和介质损耗试验只对一些要求较高的高压电气设备才有必要进行。现仅对绝缘电阻测量和耐压试验进行介绍。

1. 绝缘电阻测量

绝缘电阻是衡量绝缘性能优劣的最基本的指标。在绝缘结构的制造和使用中,经常需要测定其绝缘电阻。通过绝缘电阻的测定,可以在一定程度上判定某些电气设备的绝缘好坏,判断某些电气设备(如电动机、变压器)的受潮情况等,以防因绝缘电阻降低或损坏而造成漏电、短路、电击等电气事故。绝缘电阻可以用比较法(属于伏安法)测量,也可以用泄漏法来进行测量,但通常用兆欧表(摇表)测量。这里仅就应用兆欧表测量绝缘材料的电阻进行介绍。

兆欧表主要由作为电源的手摇发电机(或其他直流电源)和作为测量机构的磁电式流比计(双动线圈流比计)组成。测量时,实际上是给被测物加上直流电压,测量其通过的泄漏电流,在表的盘面上读到的是经过换算的绝缘电阻值。

在兆欧表上有三个接线端钮,分别标为接地 E、电路 L 和屏蔽 G。一般测量仅用 E,L 两端,E 通常接地或接设备外壳,L 接被测线路,电动机、电器的导线或电功机绕组。测量电缆芯线对外皮的绝缘电阻时,为消除芯线绝缘层表面漏电引起的误差,还应在绝缘层表面包以锡箔并使之与 G 端连接,如图 1-7 所示。这样就使得流经绝缘表面的电流不再经过流比计的测量线圈,而是直接流经 G 端构成回路,所以,测得的绝缘电阻只是电缆绝缘的体积电阻。

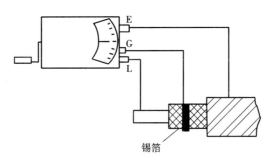

锡箔

图 1-7　电缆绝缘电阻测量

使用兆欧表测量绝缘电阻时,应注意下列事项:

(1)应根据被测物的额定电压正确选用不同电压等级的兆欧表,所用兆欧表的工作电压应高于绝缘物的额定工作电压。一般情况下,测量额定电压 500 V 以下的线路或设备的绝缘电阻,应采用工作电压 500 V 或 1 000 V 的兆欧表;测量额定电压 500 V 以上的线路或设备的绝缘电阻,应采用工作电压为 1 000 V 或 2 500 V 的兆欧表。

(2)与兆欧表端钮接线的导线应用单线,单独连接,不能用双股绝缘导线,以免测量时因双股线或绞线绝缘不良而引起误差。

(3)测量前,必须断开被测物的电源,并进行放电;测量终了也应进行放电。一般不应少于 2~3 min。对于高电压、大电容的电缆线路,放电时间应适当延长,以消除静电荷,防止发生触电危险。

(4)测量前,应对兆欧表进行检查。首先使兆欧表端钮处于开路状态,转动摇把,观察指针是否在"∞",然后再将 E 和 L 两端短接起来,慢慢转动摇把,观察指针是否迅速指向"0"位。

(5)进行测量时,摇把的转速应由慢至快,到 120 r/min 左右时,发电机输出额定电压。摇把转速应保持均匀、稳定,一般摇动 1 min 左右,待指针稳定后再进行读数。

(6)测量过程中,如指针指向"0"。表明被测量物绝缘失效,应停止转动摇把,以防表内线圈发热烧坏。

(7)禁止在雷电时或邻近设备带有高电压时用兆欧表进行测量工作。

(8)测量应尽可能在设备刚刚停止运转时进行,这样,由于测量时的温度条件接近运转时的实际温度,使测量结果符合运转时的实际情况。

2. 耐压试验

电气设备的耐压试验主要以检查电气设备承受过电压的能力。在电力系统中,线路及发电、输变电设备的绝缘,除了在额定交流或直流电压下长期运行外,还要短时承受大气过电压、内部过电压等过电压的作用。另外,其他技术领域的电气设备也会遇到各种特殊类型的高电压。因此耐压试验是保证电气设备安全运行的有效手段。耐压试验主要有工频交流耐压试验、直流耐压试验和冲击电压试验等。其中,工频交流耐压试验最为常用,这种方法接近运行实际,所需设备简单。对部分设备,如电力电线、高压电动机等少数电气设备因电容很大,无法进行交流耐压试验时,则进行直流耐压试验。

五、按保护功能区分的绝缘形式

1. 绝缘形式

绝缘形式按其保护功能,可分为基本绝缘、附加绝缘、双重绝缘和加强绝缘四种。

(1)基本绝缘 带电部件上对触电起基本保护作用的绝缘称为基本绝缘。因这种绝缘的主要功能不是防触电而是防止带电部件间的短路,则又称工作绝缘。

(2)附加绝缘 附加绝缘又称辅助绝缘或保护绝缘,它是为了在基本绝缘一旦损坏的情况下防止触电而在基本绝缘之外附加的一种独立绝缘。

(3)双重绝缘 双重绝缘是一种绝缘的组合形式,即基本绝缘和附加绝缘两者组成的绝缘。

(4)加强绝缘 加强绝缘是相当于双重绝缘保护程度的单独绝缘结构。"单独绝缘结构"不一定是一个单一体,它可以由几层组成,但层间必须结合紧密,形成一个整体,各层无法分作基本绝缘和附加绝缘各自进行单独的试验。

双重绝缘和加强绝缘的结构示意图如图 1-8 所示,图中分图 a,b,c,d 为双重绝缘,e,f 为加强绝缘。

2. 不同电击防护类别电气设备的电击防护措施

(1)0 类设备

仅依靠基本绝缘作为电击防护的设备称为 0 类设备。0 类设备基本绝缘一旦失效,是否发生电击危险完全取决于设备所处的环境,故 0 类设备一般只能在非导电场所中使用。由于该类设备的电击防护条件较差,在一些发达国家已明令禁止生产。

(2)Ⅰ类设备

Ⅰ类设备的电击防护不仅依靠基本绝缘,还包括一项附加安全措施,即设备能被人触及的可导电部分连有保护线,可用来与工作场所固定布线中的保护线相连接。也就是说,该类设备一旦基本绝缘失效,还可以通过由这根保护线所建立的防护措施来防止电击。在我国日常使用的电器中,Ⅰ类设备占了绝大多数,因此如何利用好这根保护线来提高Ⅰ类设备电击防护水

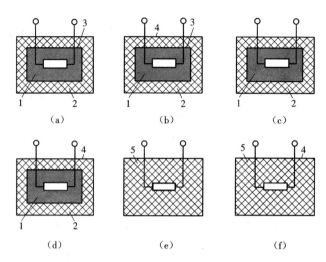

图1-8　双重绝缘和加强绝缘

1—基本(工作)绝缘；2—附加(保护)绝缘；3—不可能触及的金属体

4—可触及的金属体；5—加强绝缘

平,是十分重要的课题。

（3）Ⅱ类设备

Ⅱ类设备具有双重绝缘或加强绝缘,这类设备不采用安全接地措施设置保护线,按其外壳特征又可分为以下三类。

①第一类为全部绝缘外壳；

②第二类为全部金属外壳；

③第三类为部分绝缘外壳和部分金属外壳。

由于Ⅱ类设备的电击防护仅取决于设备本身的技术措施,既不依赖于系统(电网)又不依赖于所处的场所,因而是一种值得大力发展的设备类型,但在使用时也应遵守一定的条件,才能确保安全,这些条件主要有以下两条。

①具有全部或部分金属外壳的第二三类设备,其金属外壳不得与系统(电网)发生电气联系,以免从系统引入高电位,也不得接地。只有当设备所在场所采用"不接地的局部等电位连接"时,才可考虑将金属外壳或外壳的金属部分与等电位体电气连接。

②Ⅱ类设备的电源连接线也应符合加强绝缘或双重绝缘的要求,电源插头上不得有起导电作用以外的金属件,电源连接线与外壳之间至少应有两层单独的绝缘层。

（4）Ⅲ类设备

Ⅲ类设备靠使用安全特低电压(SELV)防止电击。该类设备的外露可导电部分不得与保护线或其他装置外可导电部分(如大地,水管等)电气连接,以避免意外引入高电位。同样,若设备所在场所采用了"不接地的局部等电位连接",则该类设备的外露可导电部分可与等电位体电气连接。

第四节　电气设备外壳的防护等级

一、外壳与外壳防护的概念

电气设备的"外壳"是指与电气设备直接关联的界定设备空间范围的壳体,那些设置在设备以外的为保证人身安全或防止人员进入的栅栏、围护等设施,不能被算作是"外壳"。

外壳防护是电气安全的一项重要措施,它既是保护人身安全的措施,又是保护设备自身安全的措施。标准规定了外壳的两种防护形式。

第一种,防止人体触及或接近壳内带电部分和触及壳内的运动部件(光滑的转轴和类似部件除外),防止固体异物进入外壳内部。

第二种,防止水进入外壳内部而引起有害的影响。

但是,对于机械损坏、易爆、腐蚀性气体或潮湿、霉菌、虫害、应力效应等条件下的防护等级,标准中并未做出规定。对这些有害因素的防护措施,在其他一些相关标准中有专门规定。例如对于防爆电器就有隔爆型、增安型、充油型、充砂型、本质安全型、正压型、无火花型等多种形式,在这些形式中,外壳是作为因素之一被考虑进去的,但不是唯一因素,也就是说,这些形式是否成立,不是由外壳因素唯一确定的,而我们这里要讨论的电气设备外壳的这两种防护形式,是完全由外壳的机械结构确定的。

二、外壳防护等级的代号及划分代号

1. 代号

表示外壳防护等级的代号由表征字母"IP"和附加在后面的两个表征数字组成,写作IPXX,其中第一位数字表示第一种防护形式的各个等级,第二位数字则表示第二种防护形式等级,表征数字的含义分别见表1-2和表1-3。

例如,某设备的外壳防护等级为IP30,就是指该外壳能防止大于2.5 mm的固体异物进入,但不防水。当只需用一个表征数字表示某一防护等级时,被省略的数字应以字母X代替,如IPX3,IP2X等。

当电器各部分具有不同的防护等级时,应首先标明最低的防护等级。若再需标明其他部分,则按该部分的防护等级分别标志。

低压电器的常用外壳防护等级见表1-4。

与电气设备按电击防护方式的分"类"不同的是,设备外壳的防护等级是以"级"来划分的,因此其不同级别的安全防护性能有高低之分。

表1-2　第一位表征数字表示的防护等级

第一位表征数字	防　护　等　级	
	简　述	含　义
0	无防护	无专门防护

表 1-2(续)

第一位表征数字	防护等级	
	简 述	含 义
1	防止大于 50 mm 的固体异物	能防止人体的某一大面积(如手)偶然或意外地触及壳内带电部分或运动部件,但不能防止有意识地接近这些部分,能防止直径大于 50 mm 的固体异物进入壳内
2	防止大于 12 mm 的固体异物	能防止手指或长度不大于 80 mm 的类似物体触及壳内带电部分或运动部件;能防止直径大于 12 mm 的固体异物进入壳内
3	防止大于 2.5 mm 的固体异物	能防止直径(或厚度)大于 2.5 mm 的工具、金属线等进入壳内;能防止直径大于 2.5 mm 的固体异物进入壳内
4	防止大于 1 mm 的固体异物	能防止直径(或厚度)大于 1 mm 的工具、金属线等进入壳内;能防止直径大于 1 mm 的固体异物进入壳内
5	防尘	不能完全防止尘埃进入壳内,但进尘量不足以影响电器正常运行
6	尘密	无尘埃进入

注:1. 本表"简述"栏不作为防护形式的规定,只能作为概要介绍。

2. 本表第一位表征数字为 1~4 的电器,所能防止的固体异物系包括形状规则或不规则的物体,其前三个相互垂直的尺寸均超过"含义"栏中相应规定的数值。

3. 具有泄水孔和通风孔等的电器外壳,必须符合于该电器所属的防护等级"IP"号的要求。

表 1-3　第二位表征数字表示的防护等级

第二位表征数字	防护等级	
	简述	含 义
0	无防护	无专门防护
1	防滴	垂直滴水应无有害影响
2	15°防滴	当电器从正常位置的任何方向倾斜至 15°以内任一角度时,垂直滴水应无有害影响
3	防淋水	与垂直线成 60°范围以内的淋水应无有害影响
4	防溅水	承受任何方向的溅水应无有害影响
5	防喷水	承受任何方向的喷水应无有害影响
6	防海浪	承受猛烈的海浪冲击或强烈喷水时,电器的进水量应不致达到有害影响
7	防浸水影响	当电器浸入规定压力的水中经规定时间后,电器的进水量应不致达到有害的影响
8	防潜水影响	电器在规定压力下长时间潜水时,水应不进入壳内

表1-4 低压电器常用外壳防护等级

第一个数字 \ 第二个数字防护等级	0	1	2	3	4	5	6	7	8
0	IP00	—	—	—	—	—	—	—	—
1	IP10	IP11	IP12	—	—	—	—	—	—
2	IP20	IP21	IP22	—	—	—	—	—	—
3	IP30	IP31	IP32	IP33	—	—	—	—	—
4	IP40	IP41	IP42	IP43	IP44	—	—	—	—
5	IP50	—	—	—	IP54	IP55	—	—	—
6	IP60	—	—	—	—	IP65	IP66	IP67	IP68

思 考 题

1. 何谓安全用电,其重要意义表现在哪些方面? 你经历或听闻过哪些电气事故案例?

2. 何谓电击,电击可分为哪几种情况?

3. 何谓电伤,它造成的伤害有哪些?

4. 简述电气系统的故障危害。

5. 电气事故有何特征?

6. 简述直接触电事故的规律和防护措施。

7. 简述间接触电事故的规律和防护措施。

8. 直接危及人员生命安全的电气量是什么?

9. 什么是电气设备的"外壳"? 电气设备外壳防护形式和外壳防护等级分别指的是什么?

10. 当发生触电事故时,交流电的频率越高,危险性越大,这种说法是否正确?

11. 两人触电持续时间分别为4 s和6 s,触电电压为60 V,问他们会有发生心室颤动的危险吗?

12. 电气设备的绝缘是怎样被破坏的?

13. 绝缘电阻是怎样测量的?

第二章　供配电系统的电气安全防护

第一节　电气系统接地概述

一、接地的有关概念

1. 接地和接地装置

用金属把电气设备的某一部分与地做良好的连接,称为接地。埋入地中并直接与大地接触的金属导体,称为接地体(或接地极),兼作接地用的直接与大地接触的各种金属构件、钢筋混凝土建筑物的基础、金属管道和设备等,称为自然接地体;为了接地埋入地中的接地体,称为人工接地体。连接设备接地部位与接地体的金属导线,称为接地线。接地线在设备和装置正常运行情况下是不载流的,但在故障情况下要通过接地故障电流。接地线也有人工接地线和自然接地线两种。

接地体和接地线的总和称为接地装置。由若干接地体在大地中相互用接地线连接起来的一个整体称为接地网。其中接地线又分为接地干线和接地支线,如图2-1所示。接地干线一般应采用不少于两根导体在不同地点与接地网连接。

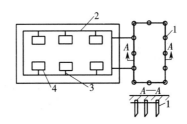

图 2-1　接地网示意图

1—接地体;2—接地干线;3—接地支线;4—电气设备

自然接地体是用于其他目的,且与土壤保持紧密接触的金属导体。例如埋设在地下的金属管道(有可燃或爆炸性介质的管道除外)、金属井管,与大地有可靠连接的建筑物的金属结构、水工构筑物及类似构筑物的金属管、桩等自然导体均可用作自然接地体。利用自然接地体不但可以节省钢材和施工费用,还可以降低接地电阻和等化地面及设备间的电位。如果有条件,应当优先利用自然接地体。当自然接地体的接地电阻符合要求时,可不敷设人工接地体(发电厂和变电所除外)。在利用自然接地体的情况下,应考虑到自然接地体拆装或检修时,接地体被断开,断口处出现的电位差及接地电阻发生变化的可能性。自然接地体至少应有两根导体在不同地点与接地网相连(线路杆塔除外)。利用自来水管及电缆的铅、铝包皮作为接地体时,必须取得主管部门同意,以便互相配合施工和检修。人工接地体可采用钢管、角钢、圆钢或废钢铁等材料制成。人工接地体宜采用垂直接地体,多岩石地区可采用水平接地体。垂直埋设的接地体可采用直径为 40 ~ 50 mm 的钢管或 40 mm × 40 mm × 4 mm 至 50 mm × 50 mm × 5 mm 的角钢。垂直接地体可以成排布置,也可以做环形布置。水平埋设的接地体可采用 40 mm × 4 mm 的扁钢或直径为 16 mm 的圆钢。水平接地体多呈放射形布置,也可成排布置或环形布置。变电所经常采用以水平接地体为主的复合接地体,即人工接地网。复合接地体的外缘应闭合,并做成圆弧形。

2. 接地电流和对地电压

当电气设备发生接地故障时,电流就通过接地体向大地做半球形散开。这一电流称为接地电流,用 I_E 表示。由于这半球形的球面,在距接地体越远的地方球面越大,所以距接地体越远的地方,散流电阻越小,其电位分布曲线如图 2-2 所示。电气设备的接地部分,如接地的外壳和接地体等,与零电位的"地"之间的电位差,就称为接地部分的对地电压,如图 2-2 中的 U_E。

接地电阻是指电流从埋入地中的接地体流向周围土壤时,接地体与大地远处的电位差与该电流之比,而不是接地体表面电阻。

图 2-2 表示了接地电流在接地体周围地面上形成的电位分布。试验证明,电位分布的范围只要考虑距单根接地体或接地故障点 20 m 左右的半球范围。呈半球形的球面已经很大,距接地点 20 m 处的电位与无穷远处的电位几乎相等,实际上已没有什么电压梯度存在。这表明,接地电流在大地中散佚时,在各点有不同的电位梯度和电压。电位梯度或电位为零的地方称为电气上的"地"或"大地"。

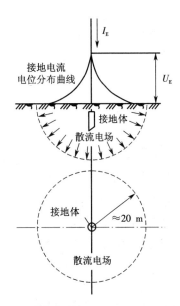

图 2-2 电流场在接地体周围地面的电流分布

3. 接处电压和跨步电压

(1)接触电压

接触电压是指电气设备的绝缘损坏时,在身体可同时触及的两部分之间出现的电位差。例如人站在接地故障的电气设备旁边,手触及设备的金属外壳,则人手与脚之间所呈现的电位差,即为接触电压 U_e,如图 2-3 所示。

（2）跨步电压

跨步电压是指在接地故障点附近行走时,两脚之间出现的电位差 U_1,如图 2-3 所示。在带电的断线落地点附近即雷击时防雷装置泄放雷电流的接地体附近行走时,同样会出现跨步电压。跨步电压的大小与离接地故障点的远近及跨步的大小有关,越靠近接地故障点及跨步越大,则跨步电压越大。离接地故障点达 20 m 时,跨步电压为零。

减小跨步电压的措施是设置由多根接地体组成的接地装置。最好的办法是用多根接地体连接成闭合回路,这时接地体回路之内的电压分布比较均匀,即电位梯度很小,可以减小跨步电压,如图 2-3 所示。

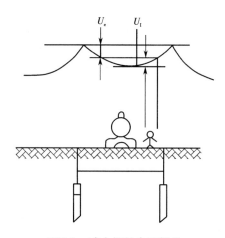

图 2-3　减少接触电压措施

二、安全接地的类型

电气设备接地的目的,首先是为了保证人身安全,由于电气设备某处绝缘损坏使外壳带电,当人触及时,电气设备的接地装置可使人体避免触电的危险。其次是为了保证电器设备以及建筑物的安全,一般采用过电压保护接地、静电感应接地等。

安全接地系统可表示为——□1□2接地系统。1 位置可以是 T 或 I,表示系统电源侧中性点接地状态。T 表示一点直接接地,I 表示所有带电部分与地绝缘,或一点经阻抗接地。2 位置可以是 T 或 N,表示系统负荷侧接地状态。T 表示用电设备的外露可导电部分对地直接电气连接,与电力系统的任何接地点无关。N 表示用电设备的外露可导电部分与电力系统的接地点直接电气连接。

1. IT 系统

IT 系统就是电源中性点不接地,用电设备外因可导电部分直接接地的系统,如图 2-4 所示。IT 系统可以有中性线,但 IEC 强烈建议不设置中性线(因为如设置中性线,在 IT 系统中 N 线任何一点发生接地故障,该系统将不再是 IT 系统了)。IT 系统中,连接设备外露可导电部分和接地体的导线,就是 PE 线。

IT 系统的缺点是不适用于具有大量 220 V 的单相用电设备的供电,否则需要采用 380 V/220 V 的变压器,给设计、施工、使用带来不便。IT 系统常用于对供电连续性要求较高的配电系统,或用于对电击防护要求较高的场所,前者如矿山的巷道供电,后者如医院手术室的配

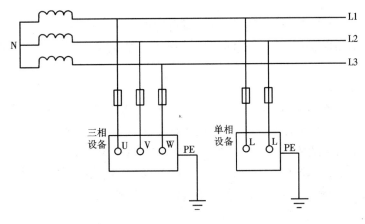

图 2-4　IT 系统接线

电等。

2. TT 系统

　　TT 系统就是电源中性点直接接地,用电设备外露可导电部分也直接接地的系统,如图 2-5 所示。通常将电源中性点的接地叫作工作接地,而设备外露可导电部分的接地叫作保护接地。TT 系统中,这两个接地必须是相互独立的。设备接地可以是每一设备都有各自独立的接地装置,也可以若干设备共用一个接地装置,图 2-5 中单相设备和单相插座就是共用接地装置的。

　　TT 系统仅对一些取不到区域变电所单独供电的建筑适用,也就是供电是来自公共电网的建筑物。但由于公共电网的供电可靠性和供电质量都不很高。为了保证电子设备和电子计算机的正常准确运行,还必须做一些技术性措施。

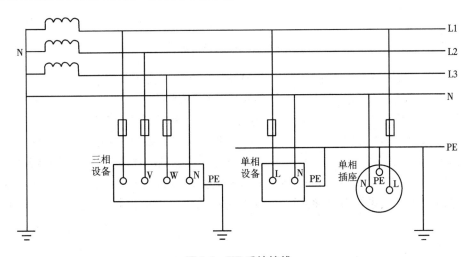

图 2-5　TT 系统接线

　　在有些国家中 TT 系统的应用十分广泛,工业与民用的配电系统都大量采用 TT 系统。在我国 TT 系统主要用于城市公共配电网和农网。在实施剩余电流保护的基础上,TT 系统有很多的优点,是一种值得推广的接地形式。在农网改造中,TT 系统的使用已比较普遍。

3. TN 系统

TN 系统即电源中性点直接接地、设备外露可导电部分与电源中性点直接电气连接的系统,依据中性点 N 和保护线 PE 的不同组合情况,TN 系统又分为 TN-S,TN-C,TN-C-S 三种形式。

(1)TN-S 系统

TN-S 系统如图 2-6 所示,图中相线 L1～L3、中性线 N 与 TT 系统相同,与 TT 系统不同的是,用电设备外露可导电部分通过 PE 线连接到电源中性点,与系统中性点共用接地体,而不是连接到自己专用的接地体。在这种系统中,中性线(N 线)和保护线(PE 线)是分开的,这就是 TN-S 中"-S"的含义。TN-S 系统的最大特征是 N 线与 PE 线在系统中性点分开后,不能再有任何电气连接,这一条件一旦破坏,TN-S 系统便不再成立。

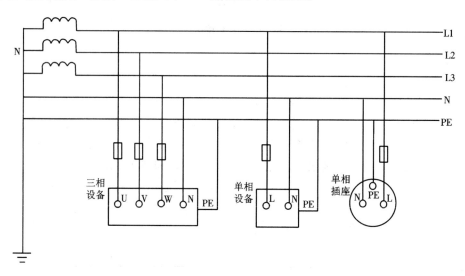

图 2-6　TN-S 系统接线

TN-S 系统是我国现在应用最为广泛的一种系统,在自带变配电所的建筑中几乎无一例外地采用了 TN-S 系统,在住宅小区中,也有一些采用了 TN-S 系统。由于传统习惯的影响,现在还经常将 TN-S 系统称为三相五线制系统,严格地讲这一称呼是不正确的。按 IEC 标准,所谓"×相×线"系统的提法,是另外一种含义,它是指低压配电系统按导体分类的形式,所谓的"×相"是指电源的相数,而"×线"是指正常工作时通过电流的导体根数,包括相线和中性线,但不包括 PE 线。按照这一定义,我们所说的 TN-S 系统,实际上是"三相四线制"系统或"单相二线制"系统。因此按系统带电导体形式分类,与按系统接地形式分类,是两种不同性质的分类方法。

(2)TN-C 系统

TN-C 系统如图 2-7 所示,它将 PE 线和 N 线的功能综合起来,由一根称为 PEN 线的导体来同时承担两者的功能。在用电设备处,PEN 线既连接到负荷中性点上,又连接到设备外露的可导电部分。由于它所固有的技术上的种种弊端,现在已很少采用,尤其是在民用配电中已基本上不允许采用 TN-C 系统。

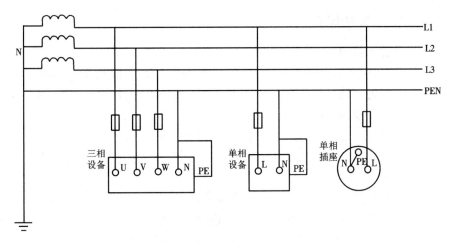

图 2-7　TN-C 系统接线

（3）TN-C-S 系统

　　TN-C-S 系统是 TN-C 系统和 TN-S 系统的结合形式，如图 2-8 所示。TN-C-S 系统中，从电源出来的那一段采用 TN-C 系统，因为在这一段中无用电设备，只起电能的传输作用，到用电负荷附近某一点处，将 PEN 线分开形成单独的 N 线和 PE 线，从这一点开始，系统相当于 TN-S 系统。

　　TN-C-S 系统也是现在应用比较广泛的一种系统。工厂的低压配电系统、城市公共低压电网、小区的低压配电系统等采用 TN-C-S 系统的较多。一般在采用 TN-C-S 系统时，都要同时采用重复接地这一技术措施，即在系统由 TN-C 变成 TN-S 处，将 PEN 线再次接地，以提高系统的安全性能。

　　以上各种系统中，用电设备外露可导电部分的连接方式只是针对 I 类设备而言，对其他类的用电设备，多数时候不存在设备外壳的接地问题。

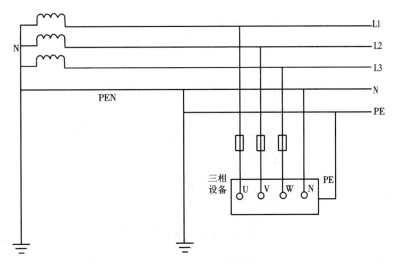

图 2-8　TN-C-S 系统接线

三、电子设备的接地概述

1. 信号接地及功率接地

电子设备的信号接地(或称逻辑接地)是信号回路中放大器、混频器、扫描电路、逻辑电路等的统一基准电位接地。信号接地的目的是不致引起信号量的误差。这种"地",可以是大地,也可以是接地母线、总接地端子等,总之只要是一个等电位点或等电位面即可。

功率接地是所有继电器、电动机、电源装置、大电流装置、指示灯等电路的统一接地。功率接地的目的以保证在这些电路中的干扰信号泄漏到地中时,不至于干扰灵敏的信号回路。

2. 屏蔽接地

电气装置为了防止其内部或外部电磁感应或静电感应的干扰而对屏蔽体进行接地,称为屏蔽接地。例如某些电气设备的金属外壳、电子设备的屏蔽罩或屏蔽线缆的接地就属于屏蔽接地。依此类推,某些建筑物或建筑物中某些房间的金属屏蔽体的接地也可称为屏蔽接地。

①静电屏蔽体的接地　它是为了把金属屏蔽体上感应的静电干扰信号直接导入地中,同时减小分布电容的寄生耦合,保证人身安全。一般要求其接地电阻不大于 4 Ω。

②电磁屏蔽体的接地　它是为了减小电磁感应的干扰和静电耦合,保证人身安全。一般要求其接地电阻不大于 4 Ω。

③磁屏蔽体的接地　它是为了防止环路产生环流而发生磁干扰。磁屏蔽体的接地主要应考虑接地点的位置以避免产生接地环流。一般要求其接地电阻不大于 4 Ω。

④屏蔽室的接地　它的屏蔽体应在电源滤波器处,即在进线口处一点接地。

⑤屏蔽线缆的接地　当电子设备之间采用多芯线缆连接,且工作频率 $f \leq 1$ MHz,其长度 L 与波长 λ 之比 $\dfrac{L}{\lambda} \leq 0.15$ 时,其屏蔽层应采用一点接地,又称单端接地。

当 $f > 1$ MHz, $\dfrac{L}{\lambda} > 0.15$ 时,应采用多点接地,并应使接地点间距离 $S \leq 0.2\lambda$,见图 2-9。

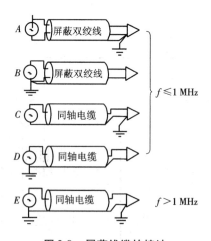

图 2-9　屏蔽线缆的接地

屏蔽接地的作用:①为了防止外来电磁波的干扰和侵入,造成电子设备的误动作或通信质量的下降;②为了防止电子设备产生的高频能向外部泄放。为此需要将线路中的滤波器、变压器的静电屏蔽层、电缆的屏蔽层、屏蔽室的屏蔽网等进行接地,称为屏蔽接地。高层建筑为减少竖井内垂直管道受雷电流感应产生的感应电动势,将竖井混凝土壁内的钢筋予以接地,也属于屏蔽接地。

3. 防静电接地

静电是由于摩擦等原因而产生的积蓄电荷,要防止静电放电产生事故或影响电子设备的正常工作,就需要使静电荷迅速向大地泄放的接地装置,这种接地称为防静电接地。

在许多情况下,金属器具、贮藏和管道的表面或内壁会出现沉淀的非导电物质,如胶质物、薄膜、沉渣等。这种物质不但使接地失去作用,反而会使人产生"静电危害已被消除"的错觉。对于搪瓷或其他有绝缘层的金属器具等,接地不能防止静电危害。

4. 等电位接地

医院中的某些特殊的检查和治疗室、手术室以及病房中,病人所能接触到的金属部分(如床架、床灯、医疗电器等),不应发生有危险的电位差,因此需把这些金属部分相互连接起来,成为等电位体并予以接地,称为等电位接地。高层建筑中为了减少雷电流造成的电位差,将每层的钢筋网及大型金属物体连接成一体并接地,也属于等电位接地。

5. 安全接地

当电子设备由 TN(或 TT)系统供电的交流线路引入时,为了保证人身和电子设备本身的安全,防止在发生接地故障时其外露导电部分上出现超过限值的危险的接触电压,电子设备的外露导电部分应接保护线或接大地,这种接地称为安全接地,简称安全地,即电子设备的保护性接地。

6. 电子计算机接地

(1)电子计算机接地的种类

电子计算机接地主要是"逻辑接地""功率接地"和"安全接地"。

小型电子计算机内部的逻辑接地、功率接地、安全接地一般在机柜内已接到同一个接地端子上,称为混合接地系统。

计算机柜内的逻辑接地、功率接地、安全接地分别都接到木地板下与大地相绝缘的铜排上,称为悬浮接地。在大型电子计算机中采用这种方式难以满足较高的绝缘性能要求,故这种接地方式大多用于小型电子计算机系统。

交直流分开的接地系统是将逻辑接地与直流功率接地合在一起接在单独的接地网上;将机柜的安全接地与交流功率接地合在一起接在公用接地网上。

(2)电子计算机的接地形式

①一点接地　将电子计算机各机柜中的信号地接至机房内活动地板下已接大地的铜排网的同一点。安全地则接保护线 PE 或接总接地端子再接至铜排网的接地点,见图 2-10。

单独接地时若出现问题,容易查清故障原因,但安装要求复杂。各个接地电阻一般要求不大于 10 Ω。采取分开接地线而后联合在一起接地(一点接地系统),可能比较容易处理和检查故障。一般要求接地电阻不大于 4 Ω。

②悬浮接地

一是电子计算机内各部分电路之间只依靠磁场耦合(如变压器)来传递信号,整个电子计算机包括外壳都与大地绝缘(悬浮),见图 2-11。

这种悬浮接地适用于以机壳为电子计算机电路的地母线,并在绝缘环境里操作的小型电子计算机。大型电子计算机难以满足足够高的绝缘性能要求,故不能保证真正的悬浮。

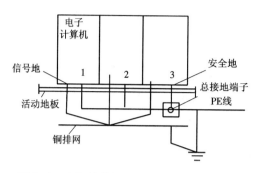

图2-10　电子计算机信号地一点接地示意图

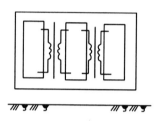

图2-11　悬浮接地形式之一

在这种接地形式中,计算机内部因故障而出现的较高电压降存在于被悬浮的电路与邻近的其他电路之间,可能对计算机的正常运行产生干扰。若这个电压超过接触电压的限值而出现在机壳上,则将危及人身安全,所以现在已较少采用这种悬浮接地形式。

二是电子计算机内各信号地接至机房活动地板下与大地绝缘的铜排网上的同一点,安全地则接至总接地端子或保护线PE,见图2-12。

以上不同的接地形式,适用于相应的电子计算机。但对于某一确定的电子计算机来说,它的接地形式及接地要求在做产品硬件设计时就已被确定了,因此应根据其说明书的具体要求来决定其接地形式。

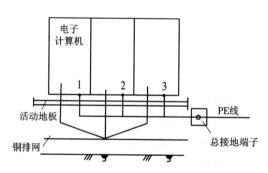

图2-12　悬浮接地形式之二

第二节　低压系统电击防护

电击发生时流过人体的电流,除雷击或静电等少数情况外,绝大部分情况下是由供配电系统提供的。所谓系统的电击防护措施,就是通过实施在供配电系统上的技术手段,在电击或电击可能性发生的时候,切断这个电流供应的通道,或降低这个电流的大小,从而保障人身安全。

　　本节主要讨论不同接地形式的低压配电系统中间接电击的防护问题,若无特别说明,均按正常环境条件下安全电压 $U_L = 50$ V、人体阻抗为纯电阻且电阻值 $R_M = 1\,000$ Ω 进行分析计算。

一、IT 系统的间接电击防护

　　IT 系统即系统中性点不接地,设备外露可导电部分接地的配电系统。这种系统发生单相接地故障时仍可继续运行,供电连续性较好,因此在矿井等容易发生单相接地故障的场所多有采用。另外,在其他接地形式的低压配电系统中,通过隔离变压器构造局部的 IT 系统,对降低电击危险性效果显著,因此在路灯照明、医院手术室等特殊场所也常有应用。

1. 正常运行状态

　　IT 系统正常运行如图 2-13 所示,此时系统由于存在对地分布电容和分布电导,使得各相均有对地的泄漏电流,并将分布电容的效应集中考虑,如图中虚线所示。此时三相电容电流平衡,各相电容电流互为回路,无电容电流流入大地,因此接地电阻 R_E 上无电流流过,设备外壳电位为参考地电位。系统中性点尽管不接地,但若假设将系统中性点 N 通过一个电阻 R_N 接地,R_N 上也不会有电流流过,即 R_N 两端电压为零。因此系统中性点与地等电位,即系统中性点电位为地电位,各相线路对地电压等于各相线路对中性点电压,均为相电压。图中 E 为参考地电位点,每相对地电容电流为

$$|\dot{I}_{CU}| = |\dot{I}_{CV}| = |\dot{I}_{CW}| = U_\varphi \omega C_0 \tag{2-1}$$

式中　U_φ——电源相电压;
　　　　C_0——单相对地电容。

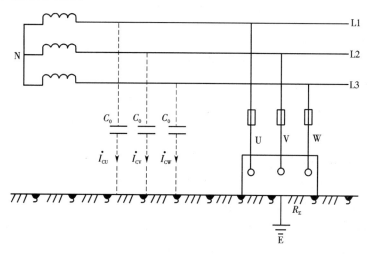

图 2-13　IT 系统正常运行

2. 单相接地

　　设系统中设备发生 U 相碰壳,如图 2-14 所示,此时线路 L1 相对地电压 $\dot{U}_{UE}$ 大幅降低,因此系统中性点对地电压 $\dot{U}_{NE} = \dot{U}_{NU} + \dot{U}_{UE} = \dot{U}_{UE} - \dot{U}_{UN}$ 升高到接近相电压,L2 相对地电压为 $\dot{U}_{VE} =$

$\dot{U}_{VN} + \dot{U}_{NE}$，L3 相对地电压为 $\dot{U}_{WE} = \dot{U}_{WN} + \dot{U}_{NE}$，由于三相电压不再平衡，三相电流之和也不再为零，因此有电容电流流入大地，通过 R_E 流回电源，此时若有人触及设备外露可导电部分，则形成人体接触电阻 R_t 与设备接地电阻 R_E 对该电容电流分流，电击危险性取决于 R_E 与 R_t 的相对大小和接地电容电流大小。例如若 $R_E = 10\ \Omega$，$R_t \approx R_m = 1\ 000\ \Omega$，接地电容电流之和为 $I_{C\Sigma}$，则人体分到的电流 $\dfrac{R_E}{R_E + R_t} I_{C\Sigma} = \dfrac{10\ \Omega}{10\ \Omega + 1\ 000\ \Omega} I_{C\Sigma} \approx 0.01 I_{C\Sigma}$。而倘若没有设备接地(等效于 $R_E \to \infty$)，则通过人体的电流为 $I_{C\Sigma}$，可见通过设备接地，流过人体的电流被大大降低。

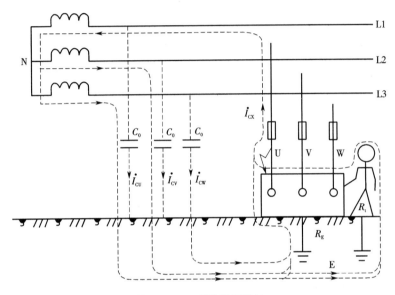

图 2-14　IT 系统单相接地

(1)单相接地电容电流计算

单回线路的电容电流与线路类型、敷设方式、敷设部位等有关，目前还没有见到有关的试验数据，一般采用估算的方法。

正常工作时单相对地电容电流 I_C 为

$$I_C = \frac{U_\varphi l}{1/\omega C_0} = U_\varphi l \omega C_0 \tag{2-2}$$

式中　U_φ——系统相电压(kV)；

　　　l——回路长度(km)；

　　　C_0——线路单位长度对地电容(μF/km)。

对于单相接地故障，接地电容电流为正常电容电流的 3 倍，即

$$I_{C\Sigma} = 3U_\varphi l \omega C_0 \tag{2-3}$$

式中 $I_{C\Sigma}$ 为单相接地时通过接地点流入大地的电容电流的上限值。

因此只要能估算出 C_0，便能计算出 $I_{C\Sigma}$。一般每千米电缆线路的 C_0 在 $0 \sim 1\ \mu$F 范围内。但 C_0 的计算也受诸多因素影响，不易准确计算，因此工程上对电缆线路常用下面经验公式进行估算

$$I_{C\Sigma} = \sqrt{3}\ U_\varphi l \times 10^2 \tag{2-4}$$

式中　$I_{C\Sigma}$——接地电容电流(mA);

　　　U_φ——系统电源相电压(kV);

　　　l——回路长度(km)。

如对于 380 V/220 V 系统,$U_\varphi = 0.22$ kV,则每公里电缆的电容电流正常时约为每相($\sqrt{3} \times 0.22$ kV $\times 1$ km $\times 10^2$)/3 ≈ 13 mA,而发生单相接地故障时流入大地的电容电流约为 38 mA。

(2)单相接地故障的安全条件

当发生第一次接地故障时只要满足式(2-5)的条件,则可不中断系统运行,此时应由绝缘监视装置发出音响或灯光信号。不中断运行的条件为

$$R_E I_{C\Sigma} \leqslant 50 \text{ V} \qquad (2-5)$$

式中　R_E——设备外露可导电部分的接地电阻(Ω);

　　　$I_{C\Sigma}$——系统总的接地故障电容电流(A)。

式(2-5)一般情况下是比较容易满足的,如若 $R_E = 10$ Ω,则只要 $I_{C\Sigma} < 50$ V/10 Ω $= 5$ A 就能满足。而按式 $I_{C\Sigma} = \sum_{i=1}^{n} \sqrt{3} U_\varphi l_i \times 10^2 = \sqrt{3} U_\varphi \times 10^2 \sum_{i=1}^{n} l_i$,$I_{C\Sigma}$ 要达到 5 A,对 380 V/220 V 系统,系统回路的总长度应达到 5000 mA/($\sqrt{3} \times 0.22$ kV $\times 10^2$) $= 131$ kM,因此只要合理控制系统规模,式(2-5)的要求是能够满足的。

3. 两相接地

IT 系统某一相发生接地称为一次接地,此时只要接地电容电流 $I_{C\Sigma}$ 在设备外壳上产生的预期接触电压 U_t 小于 50 V,则可认为无电击危险性,系统可继续运行。但若在以后的运行过程中,另一设备中与一次接地不同的相上又发生了接地故障,则称为二次接地,此时形成了类似相间短路的情形,如图 2-15 所示。此时设备 1,2 外壳上的对地电压为 R_{E1},R_{E2} 对线电压 $\sqrt{3}$ U_φ 的分压,若 $R_{E1} = R_{E2}$,则两台设备的外壳对地电压均为 $\frac{\sqrt{3}}{2} U_\varphi$;若 $R_{E1} \neq R_{E2}$,则总有一台设备外壳电压高于 $\frac{\sqrt{3}}{2} U_\varphi$。对于 380 V/220 V 低压配电系统来说,$\frac{\sqrt{3}}{2} U_\varphi = 190$ V,这个电压远大于安全电压 50 V,因此此时熔断器不仅要熔断,而且要在规定时间内熔断,若不能满足熔断时间要求,则应考虑其他措施,如装设剩余电流保护装置或采用共同接地等。

4. IT 系统中相电压获取

虽然 IT 系统可以设置中性线,但一般不推荐设置,这是因为 IT 系统多用于易于发生单相接地的场所,在这种场所中中性线接地发生的概率也应与相线一样高。因中性线引自系统中性点,一旦发生中性线接地,也就相当于系统中性点发生了接地,此时 IT 系统就变成了 TT 系统,即系统的接地形式发生了质的变化,此时针对 IT 系统设置的各种保护措施将可能失效,系统运行的连续性和电击防护水平都将受到影响。所以,一般情况下 IT 系统最好不要设置中性线。

那么在 IT 系统中若有用电设备需要相电压(如 220 V)电源又该怎样处理呢? 一般有两种方法,一种是用 10 kV/0.23 kV 变压器直接从 10 kV 电源取得;另一种是通过 380 V/220 V 变压器从 IT 系统的线电压取得。

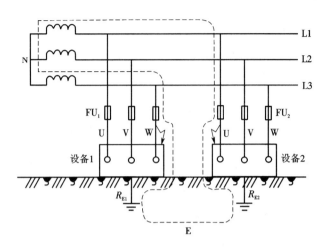

图 2-15　IT 系统二次异相接地分析

二、TT 系统的间接电击防护

TT 系统即系统中性点直接接地、设备外露可导电部分也直接接地的配电系统。TT 系统由于接地装置就在设备附近,因此 PE 线断线的概率小,且易被发现,另外 TT 系统设备有正常运行时外壳不带电、故障时外壳高电位不会沿 PE 线传递至全系统等优点,使 TT 系统在爆炸与火灾危险性场所、低压公共电网和向户外电气装置配电的系统等处有技术优势,其应用范围也渐趋广泛。

1. TT 系统可降低人体的接触电压

TT 系统单相接地故障如图 2-16 所示,系统接地电阻 R_N 和设备接地电阻 R_E 对故障相相电压 U_φ 分压。此时人体预期接触电压 U_t 为 R_E 上分得的电压。

$$U_t \approx \frac{R_E}{R_E + R_N} U_\varphi \tag{2-6}$$

当人体接触到设备外露可导电部分时,相当于人体接触电阻 R_t 与设备接地电阻 R_E 并联,此时 U_t 肯定有变化,但人体接触电阻 R_t 在 1 000 Ω 以上,远大于 R_E 故 $R_E/\!/R_t \approx R_E$,因此可以认为,仍可以预期接触电压 U_t 不大于 50 V 为安全条件,即要求

$$U_t = \frac{R_E}{R_E + R_N} U_\varphi < 50 \text{ V} \tag{2-7}$$

一般 $R_N = 4$ Ω,要满足式(2-7),则需要 $R_E \leqslant 1.18$ Ω。这么小的接地电阻值是很难实现,因此在多数情况下,设备接地虽然能够有效降低接触电压,但要降低到安全限值以下还是有困难的。

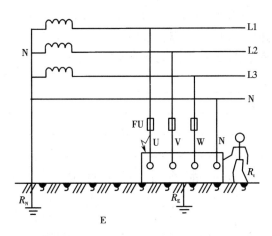

图 2-16　TT 系统单相接地故障分析

2. TT 系统不能使过电流保护电器可靠工作

假设 $R_N = R_E = 4\ \Omega$，则单相碰壳时，接地电流为（忽略变压器和线路阻抗）

$$I_d \approx \frac{220\ \text{V}}{(4+4)\ \Omega} = 27.5\ \text{A}$$

对于固定式设备，要求过电流保护电器在 5 s 内动作切断电源，若过电流保护电器为熔断器，则要求熔体额定电流 $I_{r(FU)}$ 小于 I_d 的 1/5，才能可靠保证熔断器在 5 s 内动作，即

$$\frac{I_d}{I_{r(FU)}} \geqslant 5$$

于是 $I_{r(FU)} = \dfrac{27.5}{5} = 5.5\ \text{A}$。一般在整定熔断器熔体额定电流时，为防止误动作，要求熔体额定电流为计算电流的 1.5~2.5 倍，即 $I_{r(FU)} \geqslant 1.5 \sim 2.5)I_C$（$I_C$ 为计算电流），故应有 $I_C \leqslant (2.8 \sim 3.7)\text{A}$，即只有计算电流 3.7 A 以下的设备，单相碰壳时才能使保护电器在 5 s 内可靠动作。若是手握式设备，要求 0.4 s 内动作，则允许的计算电流更小。

可见，单相碰壳时系统的过电流保护电器很难及时动作，甚至根本不动作。

3. TT 系统应用时应注意的问题

（1）中性点对地电位偏移

TT 系统在正常远行时，中性点为地电位，但一旦发生了碰壳故障，则中性点对地电位就会发生改变，这就是所谓的中性点对地电位偏移。

根据图 2-16 可见，碰壳设备外皮对地电位 $\dot{U}_{UE}$ 为

$$\dot{U}_{UE} = \dot{U}_{UN}\frac{R_E}{R_E + R_N} \tag{2-8}$$

如果 $R_E = R_N$，则 $|\dot{U}_{UE}| = 110\ \text{V}$，$|\dot{U}_{NE}| = |\dot{U}_{UN} - \dot{U}_{UE}| = 110\ \text{V}$，即中性点将带 110 V 对地电压。

若通过降低 R_E 使 $U_{UE} = 50\ \text{V}$，则中性点上对地电压将升高到 170 V。

如上所述，由于 TT 系统发生单相接地故障时系统中性点电位升高，导致中性线电位也升高，此时若系统中有按 TN 方式接线的设备，则设备外露可导电部分的电位也会升高到中性点

电位。尤其是在原本为 TN 的系统中,若有一台设备错误地采用了直接接地,则当这台设备发生碰壳时,系统中所有其他设备外壳上都会带中性点电位,如图 2-17 所示,是相当危险的,因此在未采取其他措施的情况下(如可采取剩余电流保护器),严禁 TT 与 TN 系统混用。

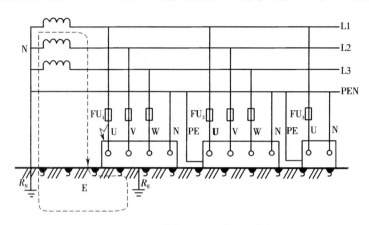

图 2-17　TT 系统与 TN 系统混用的危险

（2）自动断开电源的安全条件

自动断开电源的保护应符合下式要求

$$R_E I_a \leqslant 50 \text{ V} \tag{2-9}$$

式中　R_E——设备外露可导电部分的接地电阻与 PE 线的接地电阻之和;

I_a——在保证电击防护安全的规定时间内使保护装置动作的电流。

对式(2-9)做以下几点解释。

①R_E 应是设备接地装置接地电阻与连接设备外壳和接地装置的 PE 线阻抗的复数和,为方便计算,将 PE 线的阻抗看成是纯电阻与接地电阻直接相加,这种近似使安全条件更为严格,故可以认可。

②TT 系统的故障回路阻抗包括变压器、相线和接地故障点阻抗,以及设备接地电阻和变压器中性点接地电阻。故障回路阻抗较大,故障电流小,且故障点阻抗是难以估算的接触电阻,因此故障电流也难以估算。式(2-11)不采用故障电流 I_d 而采用保护电器动作电流 I_a 来规定安全条件正是基于此。$R_E I_a \leqslant 50$ V 表明,若实际接地故障电流 $I_d < I_a$,则 $R_E I_d \leqslant 50$ V,保护器虽不能(或不能及时)切断电源,但接触电压小于 50 V,可认为是安全的;而若 $I_d \geqslant I_a$,虽然 $R_E I_d$ 可能大于 50 V,但故障能在规定时间内切断,因此也是安全的。这样既避开了难以确定 I_d 这一困难,又通过可准确确定的 I_a 将安全要求反映了出来,这是一种典型的工程处理手法。

③保护电器在规定时间内的动作电流 I_a,对不同的保护电器来说有所不同,对于低压断路器的瞬时脱扣器,I_a 就是它的动作电流;若故障电流太小以致不能使瞬时脱扣器动作,则应考虑延长时脱扣器在规定时间内动作的最小电流;若采用熔断器保护,则理论上应根据熔体额定电流 $I_{r(FU)}$ 查得其在规定时间内动作的电流值,若采用剩余电流保护,则 I_a 应为其额定漏电动作电流 $I_{\Delta n}$。

④规定动作时间的确定。在接地故障被切断前,故障设备外露可导电部分对地电压仍可能高于 50 V,因此仍需按规定时间切断故障。当采用反时限特性过电流保护电器(如熔断器、低压断路器的长延时脱扣器等)时,对固定式设备应在 5 s 内切除故障,但对于手握式和移动

式设备,TT 系统通常采用剩余电流保护,动作时间为瞬动。

4.分别接地与共同接地

在 TT 和 IT 系统中,若每台设备都使用各自独立的接地装置,就叫作分别接地,而若干台设备共用一个接地装置,则叫作共同接地。当采用共同接地方式时,若不同设备发生异相碰壳故障,则实现共同接地的 PE 线会使其成为相间短路,通过过电流保护电器动作可以切除故障,如图 2-18(a)所示。IT 系统发生一台设备单相碰壳时仍可继续运行,这时外壳电压一般低于安全电压限值,所以尽管这个电压会沿共同接地的 PE 线传导至所有设备外壳,也不会有电击危险。但在运行过程中另一台设备又发生异相碰壳故障的情况是可能出现的,此时若采用分别接地,则两台设备的接地电阻对线电压分压,对 380 V/220 V 系统来说,不管设备接地电阻多大,总有一台设备所分电压不小于 190 V,而大多数情况下设备接地电阻大小基本相等,即各分得约 190 V 电压,这个电压是十分危险的;而采用共同接地后,相间短路电流会使过电流保护电器动作,从而消除电击危险。因此共同接地对 IT 系统来说是一个比较好的方式。采用共同接地的缺点是一台设备外壳上的故障电压会传导至参与共同接地的每一台设备外壳上,若保护电器不能迅速动作,则十分危险。故在 TT 系统中,若没有设置能瞬间切除故障回路的剩余电流保护,则不宜采用共同接地。

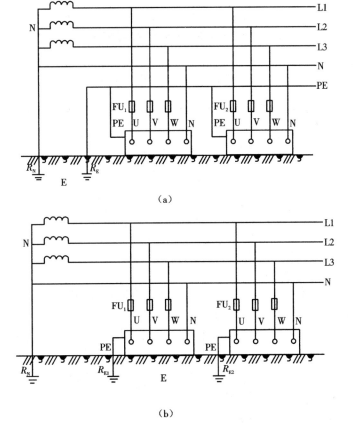

图 2-18　共同接地与分别接地

(a)共同接地;(b)分别接地

三、TN 系统的间接电击防护

TN 系统主要是靠将单相碰壳故障变成单相短路故障,并通过短路保护切断电源来实施电击防护的,因此单相短路电流的大小对 TN 系统电击防护性能具有重要影响。从电击防护的角度来说,单相短路电流大,或过电流保护电器动作电流值小,对电击防护都是有利的。

1. 用过电流保护电器切断电源

TN 系统发生单相碰壳故障如图 2-19 所示,通过单相接地电流作用于过电流保护电器并使其动作来消除电击危险。切断电源包含两层意思,一是要能够可靠地切断(保护电器应动作);二是应在规定时间内切断,因此较大的接地电流对保护总是有利的,下面讨论几种情况。

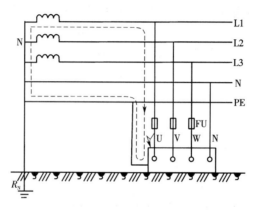

图 2-19　TN-S 系统碰壳故障分析

(1)故障设备距电源越远,单相短路(接地)电流 I_d 因故障回路阻抗增大就会越小,但从式(2-10)分析可知,人体预期接触电压 U_t 基本不变,即要求的电源被切断时间依旧不变,因此可知,故障设备距电源的距离越远,对电击防护越不利。

$$U_t = I_d |Z_{PE}| = \left| \frac{Z_{PE}}{Z_{PE} + Z_1 + Z_T} \right| U_{\varphi(av)} \qquad (2-10)$$

式中　Z_1——相线计算阻抗(mΩ);

　　　Z_{PE}——PE 线计算阻抗(mΩ);

　　　Z_T——变压器计算阻抗(mΩ);

　　　$U_{\varphi(av)}$——平均相电压(V)。

(2)降低线路(包括相线和 PE 线)阻抗,对电击防护是有利的,因为这时的 I_d 会增大,从而有利于过流保护电器动作,降低 PE 线阻抗还有一个好处,就是可降低预期接触电压 U_t,因此加大导线截面,不仅能降低电能损耗和电压损失,有利于提高线路的过载保护灵敏度,还可提高电击防护水平。

(3)变压器计算阻抗 Z_T 的大小也对 I_d 有影响,故选择适合的联结组别(如 D,yn11)可大幅降低 Z_T 的大小,对电击防护是有利的。

2. TN 系统应用时应注意的问题

(1)动作时间要求

相线对地标称电压为 220 V 的 TN 系统配电线路的接地故障保护,其切断故障回路的时间应符合下列规定:

①配电线路或仅供给固定式电气设备用电的末端线路,不宜大于 5 s;

②供给手握式电气设备和移动式电气设备的末端线路或插座回路,不应大于 0.4 s。

上述第一条规定为不大于 5 s,是因为固定式设备外露可导电部分不是被手抓握住的,易出现在接地故障发生时人手正好与之接触的情况,即使正好接触也易于摆脱。5 s 这一时间值的规定是考虑了防电气火灾以及电气设备和线路绝缘热稳定的要求,同时也考虑了躲开大电动机启动电流的影响,以及当线路较长导致末端故障电流较小,使得保护电器动作时间长等因素,因此 5 s 值的规定并非十分严格,采用了"宜"这一严格程度不是很强的用词。

上述第二条严格规定了 0.4 s 的时间限值(采用了"应"这一严格程度很强的用词),是因为对于手握式或移动式设备来说,当发生碰壳故障时人的手掌肌肉对电流的反应是不由自主地紧握不放,不能迅速摆脱带电体,从而长时间承受接触电压,况且手握式和移动式设备往往容易发生接地故障,这就更增加了这种危险性,因此规定了 0.4 s 这一时间限值。这一限值的规定已考虑了总等电位连接的作用、PE 线与相线截面之比由 1:3 到 1:1 的变化以及线路电压偏移等影响。

还有一种情况,即一条线路上既有手握式(或移动式)设备,又有固定式设备,这时应按不利的条件即 0.4 s 考虑切断电源时间。另有一种相似的情况,即同一配电箱引出的两条回路中,一条是接地手握式(或移动式)设备,另一条是接地固定式设备,这时固定式设备发生接地故障时,预期接触电压会沿 PE 线传递到手握式设备外壳上,因此也应该在 0.4 s 内切除故障,或通过等电位连接措施使配电箱 PE 排上的接触电压降至 U_L(安全电压限值)以下。

另外,IEC 标准还规定了 TN 系统中其他电压等级下的切断时间允许值,如 120 V 时为 0.8 s,400 V(380 V)时为 0.2 s,大于 400 V(380 V)时为 0.1 s 等,以上括号外为 IEC 推荐的电压等级,括号内为我国相应的电压等级。

(2)安全条件

当由过电流保护电器作接地故障保护时,其可被用作为电击防护的条件为

$$I_d \geqslant I_a \tag{2-11}$$

式中　I_d——单相接地电流;

I_a——保证保护电器在规定时间内自动切断故障回路的最小电流值。

I_d 可按式(2-12)计算

$$I_d = \left| \frac{U_{\varphi(av)}}{Z_{PE} + Z_1 + Z_T} \right| = \frac{U_{\varphi(av)}}{|Z_{\varphi P} + Z_T|} \tag{2-12}$$

式中 $Z_{\varphi P}$ 为相保回路阻抗。

下面讨论在使用几种常见的保护电器时如何满足式(2-10)的安全条件。

①熔断器　对于由熔断器作为过电流保护电器的情况,由于熔断器特性的分散性,以及试验条件与使用场所条件的不同,不宜直接从其"安 – 秒"特性曲线上通过 I_d 来查动作时间 Δt。根据国标 GB 50054《低压配电设计规范》给出了在规定时限下使熔断器动作所需的短路电流 I_d 与熔断器熔体额定电流 $I_{r(FU)}$ 的最小比值,分别见表 2-1 和表 2-2。

表 2-1　　切断接地故障回路时间小于或等于 5 s 时的 $I_d/I_{r(FU)}$ 最小比值

熔体额定电流/A	4 ~ 10	12 ~ 63	80 ~ 200	250 ~ 500
$I_d/I_{r(FU)}$	4.5	5	6	7

表 2-2　　切断接地故障回路时间小于或等于 0.4 s 的 $I_d/I_{r(FU)}$ 最小比值

熔体额定电流/A	4 ~ 10	16 ~ 32	40 ~ 63	80 ~ 200
$I_d/I_{r(FU)}$	8	9	10	11

②低压断路器　若 I_d 能使瞬时脱扣器可靠动作,则满足安全条件;若 I_d 能使短延时脱扣器可靠动作,则是否满足安全条件取决于短延时脱扣器的动作时间整定值;若 I_d 仅能使长延时脱扣器可靠动作,则应从断路器特性曲线上按最不利条件查出其动作时间来判断是否满足安全条件。对于设置有瞬时动作的接地保护的低压断路器,只要 I_d 能使其可靠动作,就认为满足安全条件。

以上所述"能使脱扣器可靠动作",是指考虑了一定裕量后 I_d 仍大于脱扣器动作整定值,对于瞬时脱扣器和短延时脱扣器而言,当 I_d 大于或等于动作整定值的 1.3 倍时,就认为能使脱扣器可靠动作。

③剩余电流保护电器　首先,单相接地故障电流必须是剩余电流,才能使用剩余电流保护,否则不论 I_d 多大,保护都不会动作。在满足这一条件的前提下,对于瞬时动作的剩余电流保护电器,只要 I_d 大于其额定漏电动作电流 $I_{\Delta n}$,就可认为满足安全条件;对于延时动作的剩余电流保护电器,除要求 $I_d > I_{\Delta n}$ 外,还要看其动作时限是否满足要求。

（3）TN-C 系统的缺陷

①正常运行时设备外露可导电部分带电,如图 2-20 所示,三相 TN-C 系统正常运行时三相不平衡电流、$3n$ 次谐波电流都会流过中性线。由于现在用电设备中产生谐波的设备大量增加,如电子整流气体放电灯、各种开关电源等,使得 $3n$ 次谐波电流在很多系统中已超过三相不平衡电流而成为 PEN 线上主要的电流,这些电流会在 PEN 线上产生压降,因系统中性点对地电位仍为 0,故 PEN 线对地电压沿 PEN 线逐渐增大,有报导称已测得高达到近 120 V 的电压。在这种情况下如仍采用 TN-C 系统,则正常工作时 PEN 线上电压就会传导至设备外壳,从而发生电击危险。另外,对于单相 TN-C 系统,PEN 线上电流就等于相线电流,该电流产生的电压也会传导至设备外壳上,因此不论是单相还是三相的 TN-C 系统,正常运行时设备外壳带电是不可避免的。

②PEN 线断线会使设备外壳带上危险电压。单相 TN-C 系统一旦发生中性线断线,相线电压会通过负载阻抗传导至 PEN 线断点以后的部分。这时由于负载阻抗上无电流通过,其压降为零,因此在断点后相电压完全传导至 PEN 线。这个相电压会通过 PEN 线传导到断点以后的每一台设备外壳上,十分危险。另外,对于三相系统,当三相符合不平衡时,PEN 线断线会使符合中性点对地电位发生偏移,这个电压也会通过断点后的 PEN 线传导至各设备外壳,其大小与平衡的程度有关,最严重时也能达到相电压,因此不论对于单相还是三相系统,TN-C 系统发生中性线断线都是非常危险的。

一些可能导致与 PEN 线断线相同效果的技术措施都是不允许的,如在 PEN 线上装设熔

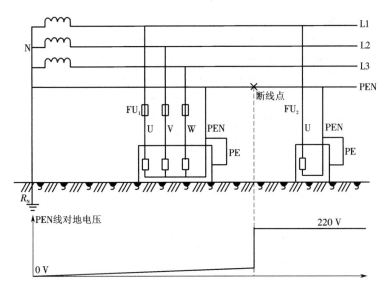

图 2-20　TN-C 系统存在的问题分析

断器,或者装设能同时断开相线和 PEN 线的开关等。

(4)双电源 TN-S 系统的接法

当采用两个或者两个以上电源同时供电时,如图 2-21 所示,两个电源采用了各自独立的工作接地系统。从形式上看,N 线和 PE 线在一个电源的中性点分开以后,在另一个电源的中性点又重新连接,这不符合"N 线和 PE 线在一个电源的中性点分开以后不允许再有电气连接"的 TN-S 系统结构要求。从概念上讲,当图中 a 点两侧完全对称时,PE 线 a 点对地电位应该为零;而当 a 点两侧不完全对称时,a 点对地电位不为零的情况是可以发生的,此时 PE 线上有电流流过,即该 PE 线已不满足 PE 线成立的基本条件,该系统作为 TN-S 系统也就已经不成立了。因此若 TN-S 系统中有两个或两个以上的电源同时工作时,各电源的工作接地应共用一个接地体,这样才能保证 TN-S 系统的正确性,如图 2-22 所示。

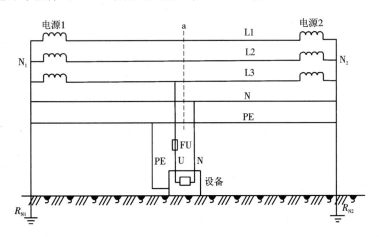

图 2-21　双电源 TN-S 系统不正确作法

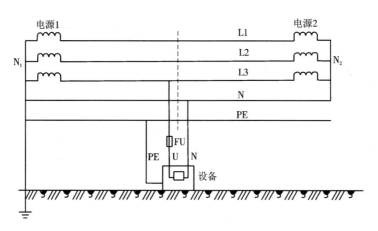

图 2-22　双电源 TN-S 系统的正确作法

（5）TN-C-S 系统中的重复接地

在 TN-C-S 系统中,在由 TN-C 转为 TN-S 处一般都要做重复接地,其作用分析如图 2-23 所示。

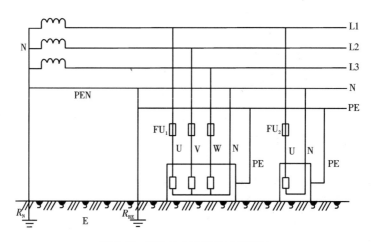

图 2-23　TN-C-S 系统的重复接地

首先,重复接地对 TN-C 部分的作用仍然有效。其次,当设备发生碰壳故障时,重复接地有降低接触电压和增大短路电流的作用,因为此时从 TN-C 与 TN-S 转换处到电源中性点的阻抗由无重复接地时的单纯 PEN 线阻抗,变成了有重复接地后的 PEN 线阻抗与（$R_N + R_{RE}$）的并联,使这一段的阻抗变小,从而使得故障回路的总阻抗变小,短路电流增大。同时因为从故障设备到电源中性点阻抗变小,使设备外壳所分电压减小,从而降低了接触电压。

四、剩余电流保护器

1. 工作原理

剩余电流保护电器（Residual Current Operated Protective Devices,简称 RCD）是 IEC 对电流型漏电保护电器的规定名称。

图 2-24 是剩余电流动作保护装置的组成方框图,其构成主要有三个基本环节,即检测元

件、中间环节(包括放大元件和比较元件)和执行机构。另外还具有辅助电源和试验装置。

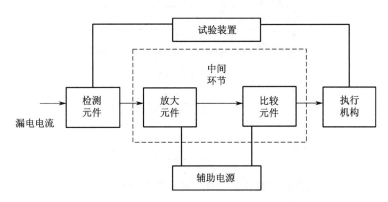

图 2-24　剩余电流动作保护装置组成框图

检测元件是一个零序电流互感器。被保护主电路的相线和中性线穿过环形铁心构成了互感器的一次侧,均匀缠绕在环形铁心上的绕组构成互感器的二次侧。检测元件的作用是将漏电电流信号转换为电压或功率信号输出给中间环节。

中间环节对来自零序电流互感器的漏电信号进行处理。中间环节通常含有放大器、比较器、脱扣器(或继电器)等,不同形式的剩余电流动作保护装置在中间环节的具体构成上形式各异。

执行机构用于接收中间环节的指令信号,实施动作,自动切断故障处的电源。执行机构多为带有分励脱扣器的自动开关或交流接触器。

辅助电源是当中间环节为电模式时,辅助电源的作用是提供电子电路工作所需的低压电源。

试验装置是对运行中的剩余电流动作保护装置进行定期检查时所使用的装置。通常是用由一只限流电阻和检查按钮相串联的支路来模拟漏电的路径,以检验装置是否能够正常动作。

剩余电流保护电器的核心部分为剩余电流检测器件,电磁型剩余电流保护电器中使用零序电流互感器作检测器件为例,如图 2-25 所示。图中将正常工作时有电流通过的所有线路穿过零序电流互感器的铁芯环,根据基尔霍夫电流定律,正常工作时,这些电流之和为零。不会在铁芯环中产生磁通并感应出二次侧电流,而当设备发生碰壳故障时,有电流从接地电阻 R_E 上流回电源,这时, $\dot{I}_U + \dot{I}_V + \dot{I}_W = \dot{I}_{RE} \neq 0$, $(\dot{I}_U + \dot{I}_V + \dot{I}_W)$ 产生的磁场会在互感器二次侧绕组产生感应电动势,从而在闭合的副边线圈内产生电流。这个电流就是漏电故障发生的信号,称一次侧 $|\dot{I}_U + \dot{I}_V + \dot{I}_W| \neq 0$ 的部分为剩余电流。根据检测到的剩余电流大小,保护电器通过预先设定的程序发出各种指令,或切断电源,或发出信号等。

这里所说的"剩余电流",是指从设备工作端以外的地方流出去的电流,即通常所说的漏电电流。一般情况下,这个电流是从 I 类设备的 PE 端子流走的,但当人体发生直接电击时,从人体上流过的电流便成了剩余电流,因此剩余电流保护可用于直接电击防护的补充保护。

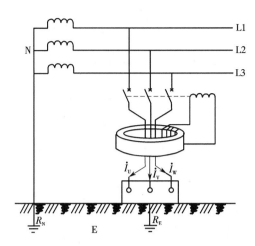

图 2-25　剩余电流检测

2. 特性参数

(1)额定漏电动作电流 $I_{\Delta n}$　指在规定条件下,漏电开关必须动作的漏电电流值。

我国标准规定的额定漏电动作电流值有 6 mA,10 mA,15 mA,30 mA,50 mA,75 mA, 100 mA,200 mA,300 mA,500 mA,1 000 mA,3 000 mA,10 000 mA,20 000 mA,其中 30 mA 及以下属于高灵敏度,主要用于电击防护;50～1 000 mA 属于中等灵敏度,用于电击防护和漏电火灾防护;1 000 mA 以上属于低灵敏度,用于漏电火灾防护和接地故障监视。

(2)额定漏电不动作电流 $I_{\Delta no}$　指在规定条件下,漏电开关必须不动作的漏电电流值。

额定漏电不动作电流 $I_{\Delta no}$ 总是与额定漏电动作电流 $I_{\Delta n}$ 成对出现的,优选值为 $I_{\Delta no}=0.5 I_{\Delta n}$。如果说 $I_{\Delta n}$ 是保证漏电开关不拒动的下限电流值的话,则 $I_{\Delta no}$ 是保证漏电开关不误动的上限电流值。

(3)额定电压 U_r　常用的有 380 V 和 220 V。

(4)额定电流 I_n　常用的有 6 A,10 A,16 A,20 A,60 A,80 A,125 A,160 A,200 A,250 A。

(5)分断时间　分断时间与漏电开关的用途有关,作为间接电击防护的漏电开关最大分断时间见表 2-3,而作为直接电击补充保护的漏电开关最大分断时间见表 2-4。

表 2-3 和表 2-4 中,"最大分断时间"栏下的电流值,是指通过漏电开关的试验电流值。例如,在表 2-3 中,当通过漏电开关的电流等于额定漏电动作电流 $I_{\Delta n}$ 时,动作时间应不大于 0.2 s,而当通过的电流为 $5 I_{\Delta n}$ 时,动作时间就不应大于 0.04 s。

表 2-3　间接电击保护用漏电保护器的最大分断时间

$I_{\Delta n}/\text{A}$	I_n/A	最大分断时间/s		
		$I_{\Delta n}$	$2 I_{\Delta n}$	$5 I_{\Delta n}$
≥0.03	任何值	0.2	0.1	0.04
	≥40[①]	0.2	—	0.15

①适用于漏电保护组合器

表 2-4 直接电击补充保护用漏电保护器的最大分断时间

$I_{\Delta n}$/A	I_n/A	最大分断时间/s		
		$I_{\Delta n}$	$2I_{\Delta n}$	$5I_{\Delta n}$
≤0.03	任何值	0.2	0.1	0.04

作为防火用的延时型漏电保护器,其延时时间为 0.2 s,0.4 s,0.8 s,1 s,1.5 s,2 s。

以 $I_{\Delta n}$ 和 $I_{\Delta no}$ 的应用为例,说明使用以上参数时应注意的问题。若工程设计中要求漏电保护电器在通过它的剩余电流大于等于 I_1 时必须动作(不拒动),而当通过它的电流小于等于 I_2 时必须不动作(不误动),则在选用漏电保护电器时,应使 $I_1 \geq I_{\Delta n}$,$I_2 \leq I_{\Delta no}$。当我们在判断一只漏电保护电器是否合格时,若刚好使漏电保护器动作的电流值为 I_Δ,则一定要 $I_\Delta \leq I_{\Delta n}$ 和 $I_\Delta \geq I_{\Delta no}$ 同时满足,该只漏电保护器才是合格的。换言之,在制造产品时,RCD 的实际漏电动作电流 I_Δ 在 $[I_{\Delta no},I_{\Delta n}]$ 之间是正确的,而在设计的时候,应使设计要求的漏电动作电流值 I_1 和漏电不动作电流值 I_2 在 $[I_{\Delta no},I_{\Delta n}]$ 之外才是正确的。

3. 剩余电流保护器的应用

漏电开关主要用作间接电击和漏电火灾防护,也可用作直接电击防护,但这时只是作为直接电击防护的补充措施,而不能取代绝缘、屏护与间距等基础防护措施。由于 RCD 在配电系统中应用广泛,正确地使用 RCD 就显得十分重要,否则不但不能很好地起到电击防护的作用,还可能造成额外的停电或其他系统故障。

(1)RCD 在 IT 系统中的应用

IT 系统中发生一次接地故障时一般不要求切断电源,系统仍可继续运行,此时应由绝缘监视装置发出接地故障信号。当发生二次异相接地(碰壳)故障时,若故障设备本身的过电流保护装置不能在规定时间内动作,则应装设 RCD 切除故障,因此漏电保护开关参数的选择,应使其额定漏电不动作电流 $I_{\Delta no}$ 大于设备一次接地时的漏电电流,即电容电流 I_{CM},而额定漏电动作电流 $I_{\Delta n}$ 应小于二次异相故障时的故障电流。

(2)RCD 在 TT 系统中的应用

TT 系统由于靠设备接地电阻将预期触电电压降低到安全电压以下十分困难,而故障电流通常又不能使过电流保护电器可靠动作,因而 RCD 的设置就显得尤为重要。

①RCD 在 TT 系统中的典型接线 如图 2-26 所示,图中包含了三相无中性线、三相有中性线和单相负荷的情况。当所有设备都采用了 RCD 时,采用分别接地和共同接地均可。但当有的设备没有装设 RCD 时,未采用 RCD 的设备与装设 RCD 的设备不能采取共同接地。如图 2-27(a)所示,当未装 RCD 的设备 2 发生碰壳故障时,外壳电压将传导至设备 1,而设备 1 的 RCD 对设备 2 的碰壳故障不起作用,因而是不安全的。对这种情况,可对采用共同接地的所有设备设置一个共同的 RCD,如图 2-27(b)所示。但这种作法在一台设备发生漏电时,所有设备都将停电,扩大了停电范围。

②接地仍是最基本的安全措施 不能因为采用了漏电保护而忽视了接地的重要性,实际上,在 TT 系统中漏电保护得以被采用,接地极形成的剩余电流通道是基本条件。但采用了漏电保护后,对接地电阻阻值的要求大大降低了。按 $R_E I_a \leq 50$ V,TT 系统的安全条件要求,式中 I_a 为在规定时间内使保护装置动作的电流,当采用 RCD 时,I_a 应为额定漏电动作电流 $I_{\Delta n}$,按

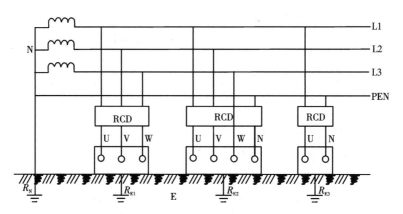

图 2-26　TT 系统中 RCD 典型接线示例

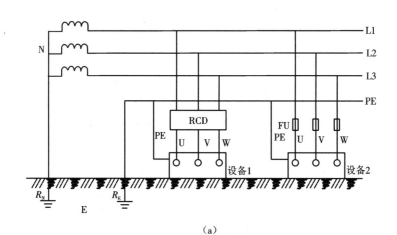

（a）

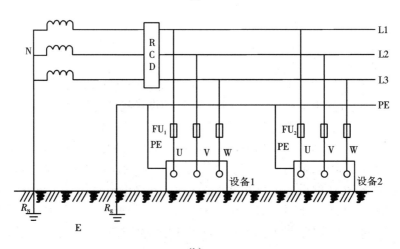

（b）

图 2-27　TT 系统采用共同接地时 RCD 的设置

（a）不正确接法；（b）正确接法

此要求,对于瞬动($t \leqslant 0.2$ s)的 RCD,$I_{\Delta n}$与接地电阻阻值在满足 $R_{\mathrm{E}} I_{\mathrm{a}} \leqslant 50$ V 条件时的关系见

表2-5。

表2-5　TT 系统中 RCD 额定漏电动作电流 $I_{\Delta n}$ 与设备接地电阻的关系

额定漏电动作电流 I_Δ/mA	30	50	100	200	500	1 000
设备最大接地电阻/Ω	1 667	1 000	500	250	100	50

可见,安装 RCD 对接地电阻阻值要求大大减少了。

（3）RCD 在 TN 系统中的应用

尽管 TN 系统中的过电流保护在很多情况下都能在规定时间内切除故障,但即使在这种情况下 TN 系统仍宜设置漏电保护。一则因为在系统设计时,一般不会(有时也不可能)逐一校验每台设备(甚至可能是插座)处发生单相接地时过电流保护是否能满足电击防护要求;二则过电流保护不能防直接电击;三则当 PE 线或 PEN 线发生断线时,过电流保护对碰壳故障不再有作用。因此在 TN 系统中设置剩余电流保护,对补充和完善 TN 系统的电击防护性能及防漏电火灾性能是有很大益处的。

①TN-S 系统中 RCD 的作用

TN-S 系统中 RCD 的典型接法如图 2-28 所示。采用漏电保护后,电击防护对单相接地故障电流的要求大大降低。TN-S 的安全条件是 $I_d \geqslant I_a$,I_d 为单相接地故障电流,I_a 为使保护装置在规定时间内动作的电流,因 $I_d = U_\varphi / Z_s$,U_φ 为相电压,Z_s 为故障回路计算阻抗,则

$$I_a Z_s \leqslant U_\varphi \tag{2-13}$$

以 $U_\varphi = 220$ V,$I_a = I_{\Delta n}$ 计算,对 Z_s 的要求见表2-6。

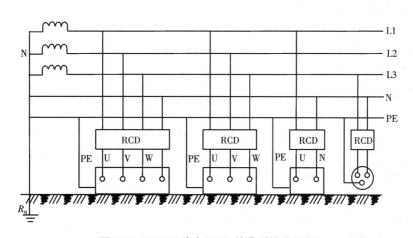

图 2-28 TN-S 系统中 RCD 的典型接线示例

表2-6　TN 系统中 RCD 额定漏电动作电流与故障回路阻抗的关系

额定漏电动作电流 I_Δ/mA	30	50	100	200	500	1 000
故障回路最大阻抗 Z_s/Ω	7 333	4 400	2 200	1 100	440	220

由表2-6可知,如此大的短路回路阻抗,即使算上故障点的接触电阻(或电弧阻抗),也是很容易满足的,可见在采用 RCD 后,TN 系统保护动作的灵敏性得到了很大的提高。

②TN-C-S 系统中 RCD 对重复接地的作用

RCD 能否正常工作,剩余电流通道是否完好十分重要。对 TN-C-S 系统,剩余电流通道总有一段是 PEN 线,一旦 PEN 线断线,则剩余电流通道便被破坏,RCD 正常工作的条件便不成立,而重复接地可很好地解决这一问题。重复接地的电阻值不一定很小,但只要故障回路总阻抗(含重复接地电阻)满足表 2-6 中所列数值,则 RCD 就能可靠动作,如图 2-29 所示。

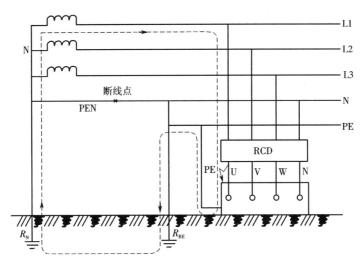

图 2-29　重复接地在 PEN 断线时对 RCD 的作用

(4)正常工作时的泄漏电流

正常工作时系统对地的泄漏电流是引起 RCD 误动作的重要原因之一,对单相系统尤其如此。对地泄漏电流引起 RCD 误动作的原理如图 2-30 所示,图中集中表示出了相线 L 和中性线 N、保护线 PE 的对地分布电容。因正常工作时 N 线电位基本上为地电位,故 N 线对地电容上基本上无电流产生;PE 线本身就是地电位,故 PE 线对地电容上也无电流产生;而相线对地电压为 220 V,因此相线对地电容上有电流产生,其大小等于 $U_\varphi \omega C$(U_φ 为相电压),该电流从相线流出,但不经中性线流回系统,而是从系统中性点接地电阻流回系统,对于 RCD 来说,这个电流便成为剩余电流。一旦这个电流达到 $I_{\Delta n}$,便会引起 RCD 误动作。泄漏电流的存在,给配 RCD 动作值 $I_{\Delta n}$ 的选取带来了困难。一方面为了使保护更灵敏,需要使 $I_{\Delta n}$ 尽可能小;另一方面为了使 RCD 在泄漏电流作用下不发生误动作,又应使 $I_{\Delta n}$ 尽可能大,而 $I_{\Delta no} = I_{\Delta n}/2$,因此确定泄漏电流的大小,对于确定 RCD 的参数有着重要意义。由于泄漏电流大小与导线敷设方式、敷设部位和环境、气候等因素相关,因此准确确定泄漏电流大小是有困难的。表 2-7 给出了单位长度导线的泄漏电流值,表 2-8 给出了常用电器的泄漏电流值,表 2-9 给出了电动机的泄漏电流,可供参考。

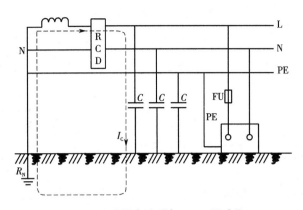

图 2-30 泄漏电流引起 RCD 误动作

表 2-7 220 V/380 V 单相及三相线路埋地、沿墙辐射穿管电线每公里泄漏电流

截面积/mm² 泄漏电流/(mA/km) 绝缘材料	4	6	10	16	25	35	50	95	120	150	185	240
聚氯乙烯	52	52	56	62	70	70	79	99	109	112	116	127
橡皮	27	32	39	40	45	49	49	55	60	60	60	61
聚乙烯	17	20	25	26	29	33	33	33	38	38	38	39

表 2-8 荧光灯、家用电器及计算机泄漏电流

设备名称	形 式	泄漏电流/mA
荧光灯	安装在金属构件上	0.1
	安装在木质或混凝土构件上	0.02
家用电器	手握式 I 级设备	≤0.75
	固定式 I 级设备	≤3.5
	I 级设备	≤0.25
	I 级电热设备	≤0.75~5
计算机	移动式	1.0
	固定式	3.5
	组合式	15/0

表 2-9   电动机泄漏电流

额定功率/kW 泄漏电流/mA 运行方式	1.5	2.2	5.5	7.5	11	15	18.5	22	30	37	45	55	75
正常运行	0.15	0.18	0.29	0.38	0.50	0.57	0.65	0.72	0.87	1.00	1.09	1.22	1.48
电动机启动	0.58	0.79	1.57	2.05	2.39	2.63	3.03	3.48	4.58	5.57	6.60	7.99	10.54

理论上讲,为了使 RCD 在泄漏电流作用下不误动作,应使 RCD 的额定漏电不动作电流 $I_{\Delta no}$ 大于泄漏电流。但实际应用时,一般用额定漏电动作电流 $I_{\Delta n}$ 计算,并考虑一定的裕量,计算要求如下(I_{1k} 为泄漏电流)。

① 用于单台用电设备时,$I_{\Delta n} \geqslant I_{1k}$;

② 用于线路时,$I_{\Delta n} \geqslant 2.5 I_{1k}$ 且同时 $I_{\Delta n}$ 还应满足大于等于其中最大一台用电设备正常运行时泄漏电流的 4 倍的条件;

③ 用于全网保护时,$I_{\Delta n} \geqslant I_{1k}$。

(5)各级剩余电流保护器的配合

剩余电流保护与短路保护或过载保护类似,也应该具有选择性,这种选择性靠动作时间或动作电流来配合,配合原则如下。

① 电流配合   上一级漏电开关的额定漏电动作电流 $I_{\Delta n} \times (1/2)$ 大于下一级漏电开关的额定漏电动作电流。

应注意,这一条件只是确定上级开关 $I_{\Delta n}$ 的条件之一。例如若下级开关 $I_{\Delta n} = 30$ mA,则上级开关 $I_{\Delta n} = 80$ mA 即满足要求,但若下级共有 10 个回路,每一回路正常工作时的泄漏电流均为 10 mA,则此时流过上级开关的泄漏电流就为 100 mA,此时应按泄漏电流确定上级开关 $I_{\Delta n}$。

上式中"1/2"的由来是这样的,理论上级、下级开关的配合,应是"上级开关的额定漏电不动作电流 $I_{\Delta no}$ 大于下级开关额定漏电动作电流 $I_{\Delta n}$,而上级开关的 $I_{\Delta no} = I_{\Delta n}/2$,这是 RCD 产品标准的推荐值,所以用 $I_{\Delta n}$ 替代 $I_{\Delta no}$ 时,应乘以 1/2"。

② 时间配合   上级漏电保护的动作时限应大于下级漏电保护的动作时限。因为 RCD 的动作与低压断路器长延时脱扣器动作不同,无动作惯性,一旦漏电电流被切断,动作过程立刻停止并返回,故一般可不考虑返回时间问题。

以上的时间配合和电流配合,只要有一种配合满足要求,就可以认为上、下级之间具有了选择性。

(6)剩余电流动作保护装置的运行管理

为了确保剩余电流动作保护装置的正常运行,必须加强运行管理。剩余电流动作保护装置投入运行后,运行管理单位应建立相应的管理制度,并建立动作记录。

① 对使用中的剩余电流动作保护装置,应定期用试验按钮检查其动作特性是否正常,需雷活动期和用电高峰期应增加试验次数。对已发现的有故障的剩余电流动作保护装置应立即更换。

② 用手持电动工具、移动式电气设备和不连续使用的剩余电流动作保护装置,应在每次使

用前进行试验。

③为检验剩余电流动作保护装置在运行中的动作特性及其变化,运行管理单位应配置专用测试仪器,并应定期进行动作特性试验。动作特性试验项目包括测试剩余动作电流值、测试分断时间、测试极限不驱动时间。

④电子式剩余电流动作保护装置,根据电子元器件有效工作寿命要求,工作年限一般为 6 年。超过规定年限应进行全面检测,根据检测结果,决定可否继续使用。

⑤因各种原因停运的剩余电流动作保护装置再次使用前,应进行通电试验,检查装置的动作情况是否正常。

⑥运行中剩余电流动作保护器动作后,应认真检查其动作原因,排除故障后再合闸送电。经检查未发现动作原因时,允许试送电一次。如果再次动作,应查明原因,找出故障,不得连续强行送电。必要时对其进行动作试验,经检查确认剩余电流保护装置本身发生故障时,应在最短时间内予以更换,严禁退出运行、私自撤除或强行送电。

⑦剩余电流动作保护装置运行中遇有异常现象,应由专业人员进行检查处理,以免扩大事故范围。剩余电流动作保护装置损坏后,应由专业单位进行检查维护。

⑧在剩余电流动作保护装置的保护范围内发生电击伤亡事故,应检查剩余电流动作保护装置的动作情况,分析未能起到保护作用的原因,在未调查前,不得拆动剩余电流动作保护装置。

⑨剩余电流动作保护装置进行特性试验时,应使用经国家有关部门检测合格的专用测试设备,由专业人员进行。严禁采用相线直接对地短路或利用动物作为试验物的方法进行试验。

(6)剩余电流动作保护装置的误动作和拒动作分析

①误动作　误动作是指线路或设备未发生预期的触电或漏电时剩余电流动作保护装置产生的动作。误动作的原因主要来自两方面,一方面是由剩余电流动作保护装置本身的原因引起;另一方面是由来自线路的原因引起。

剩余电流动作保护装置本身引起误动作的主要原因是质量问题。如装置在设计上存在缺陷、选用元件质量不良、装配质量差、屏蔽不良等,均会降低保护器的稳定性和平衡性,使可靠性下降,导致误动作。

由线路问题引起误动作的原因主要如下:

a. 接线错误　例如剩余电流动作保护装置负载侧的零线与其他零线连接或接地,或保护装置负载侧的相线与其他支路的同相相线连接,或将负载跨接在保护装置电源侧和负载侧等;

b. 绝缘恶化　剩余电流动作保护装置负载侧一相或两相对地绝缘破坏,或对地绝缘不对称降低,都将产生不平衡的泄漏电流,引发误动作;

c. 冲击过电压　冲击过电压产生较大的不平衡冲击泄漏电流,导致误动作;

d. 不同步合闸　不同步合闸时,先于其他相合闸的一相可能产生足够大的泄漏电流,引起误动作;

e. 大型设备启动　在剩余电流动作保护装置的零序电流互感器平衡特性差时,大型设备在大启动电流作用下,零序电流互感器一次绕组的漏磁可能引发误动作。

此外,偏离使用条件、制造安装质量低劣、抗干扰性能差等都能引起误动作的发生。

②拒动作　拒动作是指线路或设备已发生预期的触电或漏电,而剩余电流动作保护装置却不产生预期的动作。拒动作较误动作少见,然而其带来的危险不容忽视。拒动作的原因主

要如下：

　　a.接线错误、错将保护线也接入剩余电流动作保护装置,导致拒动作;

　　b.动作电流选择不当。额定剩余动作电流选择过大或整定过大,造成拒动作;

　　c.线路绝缘阻抗降低或线路太长。由于部分电击电流经绝缘阻抗再次流经零序电流互感器返回电源,导致拒动作。

　　此外,零序电流互感器二次绕组断线、脱扣元件黏连等各种各样的剩余电流动作保护装置内部故障、缺陷均可造成拒动作。

五、电气隔离

　　电气隔离是指使一个器件或电路与另外的器件或电路在电气上完全断开的技术措施,其目的是通过隔离提供一个完全独立的、规定的防护等级,使得即使基础绝缘失效,在机壳上也不会发生电击危险。

　　在工程上,最常用的方法是用1:1的隔离变压器进行电气隔离。

　　采用电气隔离的系统如图2-31所示,其中设备0为采用电动机－发电机的电气隔离,设备1,2,3为采用变压器的电气隔离。从图中可清楚地看出,隔离变压器两侧只是通过磁路联系的,没有直接的电气联系,符合电气隔离的条件。在工程应用中,应保证这种隔离条件不被破坏才行。

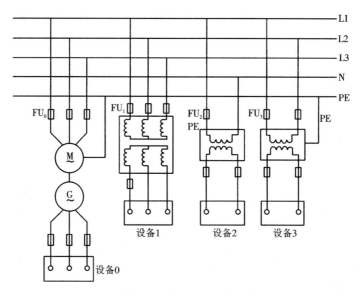

图2-31　电气隔离示例

应用电气隔离须满足以下安全条件：

(1)隔离安压器具有加强绝缘的结构;

(2)二次边保持独立,即不接大地、不接保护导体、不接其他电气回路;

(3)二次回路电压不得超过500 V,长度不应超过200 m;

(4)根据需要,二次边装设绝缘监视装置:采用间距、屏护措施或进行等电位连接。

六、安全电压

1. 安全电压的限值和额定值

（1）限值　限值为任何两根导体间可能出现的最高电压值。我国标准规定工频电压有效值的限值为 50 V，直流电压的极限值为 120 V。当接触面积大于 1 cm²，接触时间超过 1 s 时，建议干燥环境中工频电压有效值的限制为 33 V，直流电压限值为 70 V；潮湿环境中工频电压有效值为 16 V，直流电压限值为 35 V。

（2）额定值　我国规定工频有效值的额定值有 42 V，36 V，24 V，12 V 和 6 V。特别危险环境中使用的手持电动工具应采用 42 V 安全电压；有电击危险环境中使用的手持照明灯和局部照明灯应采用 36 V 或 24 V 安全电压；金属容器内、特别潮湿处等特别危险环境中使用的手持照明灯采用 12 V 安全电压；水下作业等场所应采用 6 V 安全电压。

2. 安全电压电源和回路配置

安全特低电压必须由安全电源供电。

（1）安全隔离变压器或与其等效的具有多个隔离绕组的电动发电机组，其绕组的绝缘至少相当于双重绝缘或加强绝缘。

安全隔离变压器的一次与二次绕组之间必须有良好的绝缘，其间还可用接地的屏蔽隔离开来。安全隔离变压器各部分的绝缘电阻不得低于下列数值：

①带电部分与壳体之间的工作绝缘 2 MΩ；

②带电部分与壳体之间的加强绝缘 7 MΩ；

③输入回路与输出回路之间 5 MΩ；

④输入回路与输入同路之间 2 MΩ；

⑤输出回路与输出回路之间 2 MΩ；

⑥Ⅱ类变压器的带电部分与金属物件之间 2 MΩ；

⑦Ⅱ类变压器的带电部分与壳体之间 5 MΩ；

⑧绝缘壳体上内、外金属物件之间 2 MΩ。

安全隔离变压器的额定容量，单相变压器不得超过 10 kVA、三相变压器不得超过 16 kVA、电铃用变压器不得超过 100 kVA，玩具用变压器不得超过 200 kVA。

安全隔离变压器的输入和输出导线应有各自的通道。导线进、出变压器处应有护套。固定式变压器的输入电路中不得采用接插件。

此外，安全隔离变压器各部分的最高温升不得超过允许限值。如金属握持部分的温升不得超过 20 ℃；非金属握持部分的温升不得超过 40 ℃；金属非握持部分的外壳其温升不得超过 25 ℃；非金属非握持部分的外壳其温升不得超过 50 ℃；接线端子的温升不得超过 35 ℃；橡皮绝缘的温升不得超过 35 ℃；聚氯乙烯绝缘的温升不得超过 40 ℃。

（2）电化电源或与高于安全特低电压回路无关的电源，如蓄电池及独立供电的柴油发电机等。

（3）即使在故障时仍能确保输出端子的电压（用内阻不小于 3 kΩ 的电压表测量）不超过特低电压值的电子装置电源等。

（4）回路配置　安全电压回路必须与较高电压的回路保持电气隔离，并不得与大地、保护导体或其他电气回路连接，但变压器一次与二次之间的屏蔽隔离层应按规定接地或接零。安全电压的配线应与其他电压的配线分开敷设。

（5）插座　安全电压的插座应与其他电压的插座有明显区别,或采用其他措施防止插销插错。

（6）短路保护　电源变压器的一次边和二次边均应装设熔断器做短路保护。

第三节　建筑物的电击防护

建筑物的电击防护是通过在工作场所采取安全措施来降低甚至消除电机危险性,它主要包括非导电场所和等电位连接两种方法。

一、非导电场所

非导电场所是指利用不导电的材料制成地板、墙壁、顶棚等,使人员所处环境成为一个有较高对地绝缘水平的场所。在这种场所中,当人体只与带电体接触一点时,不可能通过大地形成电流回路,从而保证了人身安全。工程上,非导电场所应符合以下安全条件。

（1）地板和墙壁每一点对地电阻,交流有效值 500 V 及以下时应不小于 50 kΩ,交流有效值 500 V 以上时应不小于 100 kΩ。

（2）尽管地面、墙面的绝缘使场所内与场所外失去了电气联系,但就场所内而言,若同时触及了带不同电位的带电体,仍有电击危险,因此仍应采取屏护与间距等措施,以避免人员因同时触及可能带不同电位的导体面发生电击伤害事故。如图 2-32 所示,当两台设备净间距大于 2.5 m 时,可认为不能被人员同时触及,满足通过间距防止电击的条件;而当两台设备净间距小于 2.5 m 时,必须通过隔离防止电击,这时由于被隔离的两部分均可能有人员在场,故应采用绝缘材料作为隔离体,若用导体作为隔离体,则被隔离两侧的人员有可能将各自设备上的不同电位引至隔离体,从而发生电击。

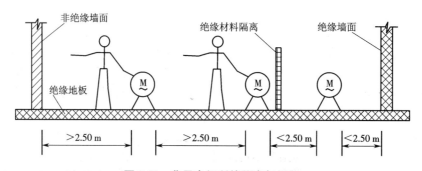

图 2-32　非导电场所的隔离与间距

（3）为了保证不导电场所特征,场所内不得设置 PE 线。

（4）非导电场所内的装置外可导电部分不允许在非导电场所外出现电位。如图 2-33 所示,金属风管一部分在非导电场所内,另一部分在非导电场所外,若非导电场所内人员一只手触及带电体,另一只手触及金属风管,则带电体的电位通过人体和金属管道会传导至非导电场所外,而非导电场所外不能保证金属管道与大地或其他导体的绝缘,于是就有可能在这个电位的作用下形成电流回路,危及人身安全。同时,也存在非导电场所外的电位通过该金属管道引入非导电场所内的可能性。因此在有这种可能性存在时,应采取适当的技术措施来保证安全,如对装置外可导电部分绝缘或隔离等。

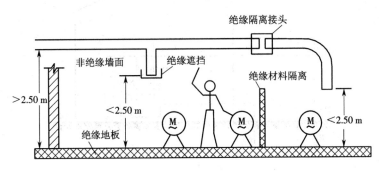

图 2-33　非导电场所与外界的隔离

二、等电位连接

与非导电场所类似,等电位连接也是一种"场所"的电击防护措施,所不同的是,非导电场所靠阻断电流流通的通道来防止电击发生,而等电位连接靠降低接触电压来降低电击危险性。最典型的例子是在可能发生人手触及带电体的场所,在带电体对地电压一定的情况下,通过等电位连接,抬高地板的对地电压,从而降低人体手、脚之间的电位差,以此来降低电击危险性。

应该指出,等电位连接不只是一种建筑物的电击防护措施。如采用电气隔离对多台设备供电时,就需要对不同设备外壳采取等电位措施,以防止不同设备发生异相碰壳而外壳又被人员同时触及时所发生的电击伤害事故,这时等电位连接的作用,除了降低接触电压外,还可造成短路,使过电流保护电器在短路电流作用下动作来切断电源。

1. 等电位连接原理

以 TT 系统为例,如图 2-34、图 2-35 所示,图 2-34(a)为一个无等电位连接的 TT 系统接线图,图 2-34(b)为发生碰壳故障时接地体散流场的等位线和地平面电位分布,以无穷远处地电位为参考零电位。图中 U_a 为设备外壳对地电位,U_b 为接地体对地电位,U_a 与 U_b 之差为接地 PE 线 ab 段上的压降。人体预期接触电压 U_t 为设备外壳电位与人员站立处地平面电位之差,最不利情况为人体离接地体较远,站立处地平面电位接近参考零电位,这时 $U_t = U_a$,它包括了接地体上压降与接地 PE 线上压降,为这两者之和。

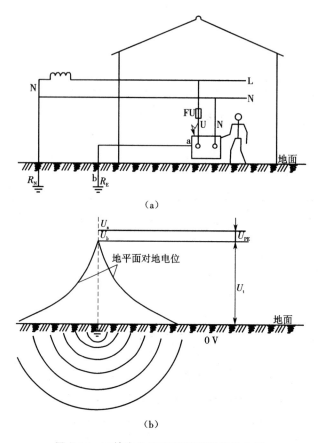

图 2-34 无等电位连接时的预期接触电压

(a)无等电位连接的 TT 系统接线图;

(b)碰壳故障时接地体散流畅的等电位线和地平面上的电位分布

有等电位连接的情况如图 2-35(a)所示,此时将进入建筑物的水管、暖气管、建筑物地板内钢筋等做电气联结,形成等电位连接体,并与设备接地装置 R_E 电气联结。图 2-35(b)表示当设备发生单相碰壳故障时接地体散流场的等位线和地平面上的电位分布,从图中可见,人体预期接触电压 U_t 仅为 PE 线 ae 段上的压降。此时等电位体 c 上电位与接地体设备侧电位基本相等,因而在等电位体作用范围内的地平面电位被抬高,使得人体接触电压 U_t 大幅降低。

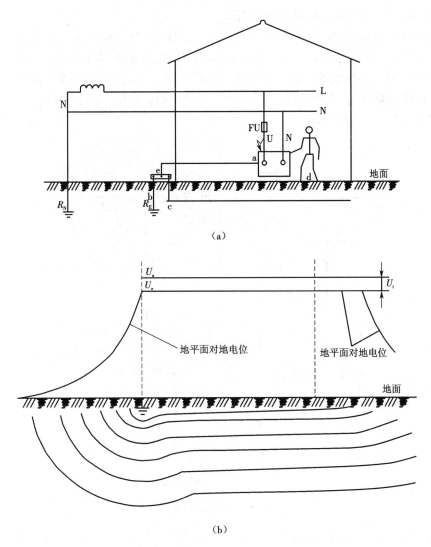

图 2-35　有等电位连接时的预期接触电压

(a)有等电位连接的 TT 系统接线图；

(b)设备发生单相碰壳故障时接地体散流畅的等电位线和地平面上的电位分布

2. 总等电位、辅助电位和局部等电位连接

在建筑电气工程中,常见的等电位连接措施有三种,即总等电位连接、辅助等电位连接和局部等电位连接,其中局部等电位连接是辅助等电位连接的一种扩展。这三者在原理上都是相同的,不同之处在于作用范围和工程做法。

(1)总等电位连接(Main Equipotential Bonding, MEB)

①做法　总等电位连接是在建筑物电源进线处采取的一种等电位连接措施,它所需联结的导电部分如下:

a. 进线配电箱的 PE(或 PEN)母排;

b. 公共设施的金属管道,如上、下水,热力,煤气等管道;

c. 应尽可能包括建筑物金属结构;

d.如果有人工接地,也包括其接地极引线。

总等电位连接系统的示意图如图2-36所示。应注意的是,在与煤气管道做等电位连接时,应采取措施将管道处于建筑物内、外的部分隔离开,以防止将煤气管道作为电流的散流通道(即接地极),并且为防止雷电流在煤气管道内产生火花,在此隔离两端应跨接火花放电间隙。另外,图中保护接地与防雷接地采用的是各自独立的接地体,若采用共同接地,应将 MEB 板以短捷的路径与接地体联结。

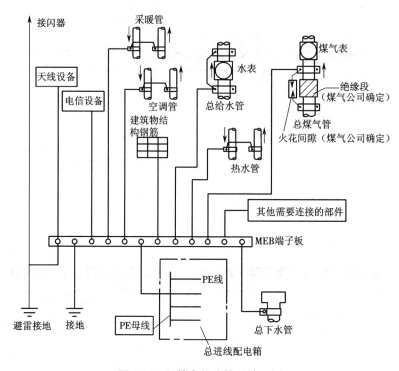

图 2-36　总等电位连接系统示例

若建筑物有多处电源进线,则每一电源进线处都应做总等电位连接,各个总等电位连接端子板应互相联通。

②作用　总等电位连接的作用在于降低建筑物内间接电击的接触电压和不同金属部件间的电位差,并消除自建筑物外经各种金属管道或各种电气线路引入的危险电压的危害。

如图 2-37(a)所示,防雷接地和系统工作接地采用共同接地。当雷击接闪器时,很大的雷电流会在接地电阻上产生很大的压降,这个电压通过接地体传导至 PE 线,若有金属管道未做等电位连接,且此时正好有人员同时触及金属管道和设备外壳,就会发生电击事故。

又如图 2-37(b)所示。进户金属管道未做等电位连接,当室外架空裸导线断线接触到金属管道时,高电位会由金属管道引至室内,若人触及金属管道,则可能发生电击事故;而图 2-38 所示为有等电位连接的情况,这时 PE 线、地板钢筋、进户金属管道等均做总等电位连接、此时即使人员触及带电的金属管道,人体也不会产生电位差,因而是安全的。

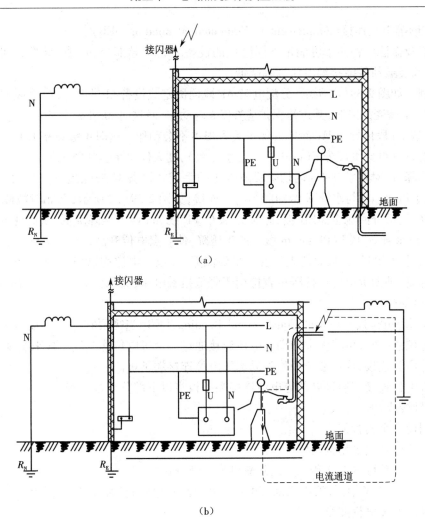

（a）

（b）

图 2-37　无总等电位连接

（a）无总等电位连接的危害（一）；（b）无总等电位连接的危害（二）

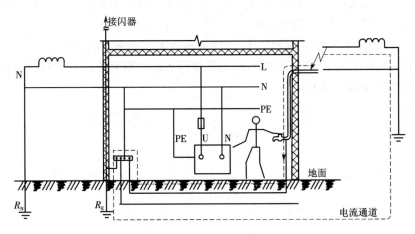

图 2-38　有总等电位连接

(2)辅助等电位连接(Supplementary Equipotential Bonding,SEB)

①功能及做法　将两个可能带不同电位的设备外露可导部分和(或)装置外可导电部分用导线直接联结,使故障接触电压大幅降低。

②示例　如图2-39(a)所示,分配电箱 AP 既向固定式设备 M 供电,又向手握式设备 H 供电。当 M 发生碰壳故障时,其过流保护应在5 s 内动作,而这时 M 外壳上的危险电压会经 PE 排通过 PE 线 ab 段传导至 H,而 H 的保护装置根本不会动作。这时手握设备 H 的人员若同时触及其他装置外可导电部分 E(图中为一给水龙头),则人体将承受故障电流 I_d 在 PE 线 mn 段上产生的压降,这对要求0.4 s 内切除故障电压的手控式设备 H 来说是不安全的。若此时将设备 M 通过 PE 线 de 与水管 E 做辅助等电位连接,如图2-39(b)所示,则此时故障电流 I_d 被分成 I_d 和 I_d 两部分回流至 MEB 板,此时 $I_{d1} < I_d$,PE 线 mn 段上压降降低,从而使 b 点电位降低,同时 I_d 在水管 eq 段和 PE 线 qn 段上产生压降,使 e 点电位升高,这样,人体接触电压 $U_t = U_b - U_e = U_{be}$ 会大幅降低,从而使人员安全得到保障。(以上电位均以 MEB 板为电位参考点)

由此可见,辅助等电位连接既可直接用于降低接触电压,又可作为总等电位连接的一个补充进一步降低接触电压。

(3)局部等电位连接(Local Equipotential Bonding,LEB)当需要在一局部场所范围内做多个辅助等电位连接时,可将多个辅助等电位连接通过一个等电位连接端子板来实现,这种方式叫作局部等电位连接,这块端子板称为局部等电位连接端子板。

局部等电位连接应通过局部等电位连接端子板将以下部分连接起来:

①PE 母线或 PE 干线;

②公用设施金属管道;

③尽可能包括建筑物金属构件;

④其他装置外可导电体和装置的外露可导电部分。

在图2-39 的例子中,若采用局部等电位连接,则其接线方法如图2-40 所示。

3.不接地的等电位连接

不接地的等电位连接是等电位连接措施的一种特殊应用,一般用于非导电场所。如图2-41 所示,当非导电场所中两台设备外壳净距小于等于2.5 m 时,可视为能被人员同时触及,若因故障原因使两设备外壳带不同电位,则人员同时触及时就会有电击危险,因此需要做辅助等电位连接。对由外界引入的不接地的导体,只要与其他设备净距不大于2.5 m,也需做辅助等电位连接;而对由外界引入的接地的导体,为保证不导电场所成立,需用绝缘罩盖遮盖。三孔单相插座因很可能供移动式或手握式设备,与其他设备间的距离不确定,因此其保护线插孔也应与就近设备做辅助等电位连接。

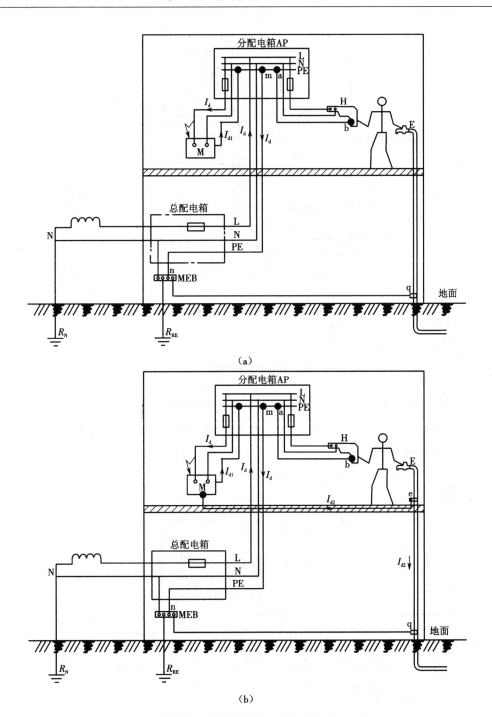

图 2-39　辅助等电位连接作用分析

(a) 无辅助等电位连接；(b) 有辅助等电位连接

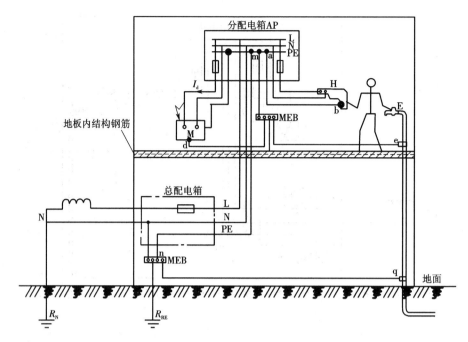

图 2-40　局部等电位连接

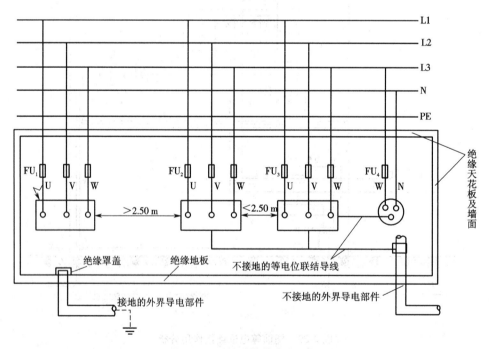

图 2-41　不接地的等电位连接

第四节　特殊环境下对电力装置的要求

一、爆炸性气体环境

1. 爆炸性气体环境和防止爆炸的措施

对于生产、加工、处理、转运或储存过程中出现或可能出现下列爆炸性气体混合物之一时，应认定该环境为爆炸性气体环境。

(1)在大气条件下,易燃气体、易燃液体的蒸气或薄雾等易燃物质与空气混合形成爆炸性气体混合物。

(2)闪点低于或等于环境温度的可燃液体的蒸气或薄雾与空气混合形成爆炸性气体混合物。

(3)在物料操作温度高于可燃液体闪点的情况下,可燃液体有可能泄漏时,其蒸气与空气混合形成爆炸性气体混合物。

在爆炸性气体环境中产生爆炸必须同时存在下列条件:

(1)存在易燃气体、易燃液体的蒸气或薄雾,其浓度在爆炸极限以内;

(2)存在足以点燃爆炸性气体混合物的火花、电弧或高温。

在爆炸性气体环境中应采取下列防止爆炸的措施:

(1)首先应使产生爆炸的条件同时出现的可能性减到最低程度。

(2)工艺设计中应采取消除或减少易燃物质的产生及积聚的措施,主要有如下几种:

①工艺流程中宜采取较低的压力和温度,将易燃物质限制在密闭容器内;

②工艺布置应限制和缩小爆炸危险区域的范围,并宜将不同等级的爆炸危险区,或爆炸危险区与非爆炸危险区分隔在各自的厂房或界区内;

③在设备内可采用以氮气或其他惰性气体覆盖的措施;

④宜采取安全连锁或事故时加入聚合反应阻聚剂等化学药品的措施。

(3)防止爆炸性气体混合物的形成,或缩短爆炸性气体混合物滞留时间,宜采取下列措施:

①工艺装置宜采取露天或开敞式布置;

②设置机械通风装置;

③在爆炸危险环境内设置正压室;

④对区域内易形成和积聚爆炸性气体混合物的地点设置自动测量仪器装置,当气体或蒸气浓度接近爆炸下限值的50%时,应能可靠地发出信号或切断电源。

(4)在区域内应采取消除或控制电气设备线路产生火花、电弧或高温的措施。

2. 爆炸性气体环境区域划分和范围

爆炸性气体环境应根据爆炸性气体混合物出现的频繁程度和持续时间,按下列规定进行分区:

(1)0区:连续出现或长期出现爆炸性气体混合物的环境;

(2)1区:在正常运行时可能出现爆炸性气体混合物的环境;

(3)2区:在正常运行时不可能出现爆炸性气体混合物的环境,或即使出现也仅是短时存在的爆炸性气体混合物的环境。

符合下列条件之一时,可划为非爆炸危险区域:

(1)没有释放源并不可能有易燃物质侵入的区域;

(2)易燃物质可能出现的最高浓度不超过爆炸下限值的10%;

(3)在生产过程中使用明火的设备附近,或炽热部件的表面温度超过区域内易燃物质引燃温度的设备附近;

(4)在生产装置区外,露天或开敞设置的输送易燃物质的架空管道地带,但其阀门处应按具体情况定。

释放源按易燃物质的释放频繁程度和持续时间长短分为三级:

(1)连续级释放源:预计长期释放或短时频繁释放的释放源。

①没有用惰性气体覆盖的固定顶盖贮罐中的易燃液体的表面;

②油、水分离器等直接与空间接触的易燃液体的表面;

③经常或长期向空间释放易燃气体或易燃液体的蒸气的自由排气孔和其他孔口。

(2)第一级释放源:预计正常运行时周期或偶尔释放的释放源。

①在正常运行时,会释放易燃物质的泵、压缩机和阀门等的密封处;

②在正常运行时,会向空间释放易燃物质,安装在贮有易燃液体的容器上的排水系统;

③正常运行时,会向空间释放易燃物质的取样点;

④正常运行时,会向空间释放可燃物质的泄压阀、排气口和其他孔口。

(3)第二级释放源:预计在正常运行下不会释放,即使释放也仅是偶尔短时释放的释放源。

①正常运行时不能出现释放易燃物质的泵、压缩机和阀门的密封处;

②正常运行时不能释放易燃物质的法兰、连接件和管道接头;

③正常运行时不能向空间释放易燃物质的安全阀、排气孔和其他孔口处;

④正常运行时不能向空间释放易燃物质的取样点。

(4)多级释放源:由上述两种或三种级别释放源组成的释放源。

爆炸危险区域内的通风,其空气流量能使易燃物质很快稀释到爆炸下限值的25%以下时,可定为通风良好。

(1)通风良好场所

①露天场所;

②敞开式建筑物,在建筑物的壁和(或)屋顶开口,其尺寸和位置保证建筑物内部通风效果等效于露天场所;

③非敞开建筑物,建有永久性的开口,使其具有自然通风的条件;

④对于封闭区域、每平方米地板面积每分钟至少提供 0.3 m³的空气或至少 1 h 换气 6 次,则可认为是良好通风场所。这种通风速率可由自然通风或机械通风来实现。

(2)采用机械通风在下列情况之一时,可不计机械通风故障的影响

①对封闭式或半封闭式的建筑物设置有备用的独立通风系统;

②在通风设备发生故障时,设置自动报警或停止工艺流程等确保能阻止可燃物质释放的预防措施,或使设备断电的预防措施。

爆炸危险区域的划分应按释放源级别和通风条件确定,并应符合下列规定。

（1）按释放源的级别划分区域

①存在连续级释放源的区域可划为 0 区；

②存在第一级释放源的区域可划为 1 区；

③存在第二级释放源的区域可划为 2 区。

（2）根据通风条件调整区域划分

①当通风良好时，应降低爆炸危险区域等级；当通风不良时应提高爆炸危险区域等级。

②局部机械通风在降低爆炸性气体混合物浓度方面比自然通风和一般机械通风更为有效时，可采用局部机械通风降低爆炸危险区域等级。

③在障碍物、凹坑和死角处，应局部提高爆炸危险区域等级。

④利用堤或墙等障碍物，限制比空气重的爆炸性气体混合物的扩散，可缩小爆炸危险区域的范围。

爆炸性气体环境危险区域的范围按下列要求确定：

（1）爆炸危险区域的范围应根据释放源的级别和位置、易燃物质的性质、通风条件、障碍物及生产条件、运行经验，经技术经济比较综合确定。

（2）建筑物内部，宜以厂房为单位划定爆炸危险区域的范围。但也应根据生产的具体情况，当厂房内空间大，释放源释放的易燃物质量少时，可按厂房内部分空间划定爆炸危险的区域范围，并应符合下列规定：

①当厂房内具有比空气重的易燃物质时，厂房内通风换气次数不应少于 2 次/h，且换气不受阻碍；厂房地面上高度 1 m 以内容积的空气与释放至厂房内的易燃物质所形成的爆炸性气体混合浓度应小于爆炸下限。

②当厂房内具有比空气轻的易燃物质时，厂房平屋顶平面以下 1 m 高度内，或圆顶、斜顶的最高点以下 2 m 高度内的容积的空气与释放至厂房内的易燃物质所形成的爆炸性气体混合物的浓度应小于爆炸下限。

（3）当易燃物质可能大量释放并扩散到 15 m 以外时，爆炸危险区域的范围应划分附加 2 区。

（4）当可燃液体闪点高于或等于 60 ℃ 时，在物料操作温度高于可燃液体闪点的情况下，可燃液体可能泄漏时，其爆炸危险区域的范围宜适当缩小，但不宜小于 4.5 m。

确定爆炸危险区域的等级和范围宜按 GB 50058—2014 附录 A 中典型示例的规定，并应根据易燃物质的释放量、释放速度、沸点、温度、闪点、相对密度、爆炸下限、障碍等条件，结合实践经验确定。

爆炸性气体环境内的车间采用正压或连续通风稀释措施后，车间可降为非爆炸危险环境。通风引入的气源应安全可靠，且必须是没有易燃物质、腐蚀介质及机械杂质。对重于空气的易燃物质，进气口应设在高出所划爆炸危险区范围的 1.5 m 以上处。

爆炸性气体混合物，应按其最大试验安全间隙（MESG）或最小点燃电流比（MICR）分级，并应符合表 2-10 的规定。

表 2-10　最大试验安全间隙(MESG)或最小点燃电流比(MICR)分级

级别	最大试验安全间隙(MESG)/mm	最小点燃电流比(MICR)
IIA	$\geqslant 0.9$	> 0.8
IIB	$0.5 < MESG < 0.9$	$0.45 \leqslant MICR \leqslant 0.8$
IIC	$\leqslant 0.5$	< 0.45

爆炸性气体混合物应按引燃温度分组,并应符合表 2-11 的规定。

表 2-11　引燃温度分组

组别	引燃温度
T1	$450 < t$
T2	$300 < t \leqslant 450$
T3	$200 < t \leqslant 300$
T4	$135 < t \leqslant 200$
T5	$100 < t \leqslant 135$
T6	$85 < t \leqslant 100$

二、爆炸性粉尘环境

1. 在爆炸性粉尘环境中防止爆炸的措施

用于生产、加工、处理、转运或存储过程中出现爆炸性粉尘、可燃性导电粉尘、可燃性非导电粉尘和可燃性纤维与空气形成的爆炸性粉尘混合物的环境,应认定为爆炸性粉尘环境。

在爆炸性粉尘环境中,粉尘分为以下三级:

IIIA 级:可燃性飞絮;

IIIB 级:非导电性粉尘;

IIIC 级:导电性粉尘。

在爆炸性粉尘环境中,产生爆炸必须同时存在下列条件:

(1)存在爆炸性粉尘混合物,其浓度在爆炸极限以内;

(2)存在足以点燃爆炸性粉尘混合物的火花、电弧或高温。

在爆炸性粉尘环境中,应采取下列防止爆炸的措施:

(1)防止产生爆炸的基本措施,应是使产生爆炸的条件同时出现的可能性减小到最低程度。

(2)防止爆炸危险,应按照爆炸性粉尘混合物的特征,采取相应的措施。爆炸性粉尘混合物的爆炸下限随粉尘的分散度、湿度、挥发性物质的含量、灰分的含量、火源的性质和温度等而变化。

(3)在工程设计中,应先取下列消除或减少爆炸性粉尘混合物产生和积聚的主要措施:

①工艺设备宜将危险物料密封在防止粉尘泄漏的容器内;

②宜采用露天或敞开式布置,或采用机械除尘或通风措施;

③限制和缩小爆炸危险区域的范围,并将可能释放爆炸性粉尘的设备单独集中布置;

④提高自动化水平,可采用必要的安全连锁;

⑤爆炸危险区域应设有两个以上出入口,其中至少有一个通向非爆炸危险区域,其出入口的门应向爆炸危险性较小的区域侧开启;

⑥应对沉积的粉尘进行有效地清除;

⑦应限制产生危险温度及火花,特别是由电气设备或线路产生的过热及火花,应选用防爆或其他防护类型的电气设备及线路;

⑧可增加物料的湿度,降低空气中粉尘的悬浮量。

2. 爆炸性粉尘环境区域划分和范围

爆炸性粉尘环境由粉尘释放源而形成。

粉尘释放源应按爆炸性粉尘释放频繁程度和持续时间长短分级,并应符合下列规定:

(1)连续级释放源　粉尘云持续存在或预计长期或短期经常出现的部位;

(2)一级释放源　在正常运行时预计可能周期性地或偶尔释放的释放源;

(3)二级释放源　在正常运行时,预计不可能释放,如果释放也仅是不经常地并且是短期地释放。

下列各项不应该被视为释放源:

(1)压力容器外壳主体结构,包括它的封闭的管口和人孔;

(2)全部焊接的输送管和溜槽;

(3)在设计和结构方面对防粉尘泄露进行了适当考虑的阀门压盖和法兰接合面。

爆炸性粉尘环境应根据爆炸性粉尘混合物出现的频繁程度和持续时间,按下列规定进行分区。

(1)20区　空气中的可燃性粉尘云持续地、长期地或频繁地出现于爆炸性环境中的区域;

(2)21区　在正常运行时,空气中的可燃性粉尘云很可能偶尔出现于爆炸性环境中的区域;

(3)22区　在正常运行时,空气中的可燃粉尘云一般不可能出现于爆炸性粉尘环境中的区域,即使出现,持续时间也是短暂的。

爆炸危险区域的划分应按爆炸性粉尘的量、爆炸极限和通风条件确定。

符合下列条件之一时,可划为非爆炸危险区域:

(1)装有良好除尘效果的除尘装置,当该除尘装置停车时,工艺机组能连锁停车;

(2)设有为爆炸性粉尘环境服务,并用墙隔绝的送风机室,其通向爆炸性粉尘环境的风道设有能防止爆炸性粉尘混合物侵入的安全装置,如单向流通风道及能阻火的安全装置;

(3)区域内使用爆炸性粉尘的量不大,且在排风柜内或风罩下进行操作。

在大多数情况下,区域的范围应通过评价涉及该环境的释放源的级别引起爆炸性粉尘环境的可能来规定。

20区范围包括粉尘会连续生成的管道、生产和处理设备的内部区域。如果粉尘容器外部持续存在爆炸性粉尘环境,则划分为20区。

21区的范围通常与一级释放源相关联,宜按下列规定确定。

(1)含有一级释放源的粉尘处理设备的内部。

（2）由一级释放源形成的设备外部场所，其区域的范围应受到一些粉尘参数的限制，如粉尘量、释放速率、颗粒大小和物料湿度，同时需要考虑引起释放的条件。对于建筑物外部场所（露天）、21 区范围会由于气候，例如，风、雨等的影响而改变。在考虑 21 区的范围时，通常释放源周围 1 m 的距离（垂直向下延至地面或楼板水平面）。

（3）如果粉尘的扩散受到实体结构（墙壁等）的限制，它们的表面可作为该区域的边界。

（4）一个位于内部不受限制的 21 区（不被实体结构所限制，如一个有敞开入口的容器），通常被一个 22 区包围。

（5）可以结合同类企业相似厂房的实践经验和实际的因素，适当地考虑可将整个厂房划为 21 区。

22 区的范围宜按下列规定确定。

（1）由二级释放源形成的场所，其区域的范围应受到一些粉尘参数的限制，如粉尘量，释放速率，颗粒大小和物料湿度，同时需要考虑引起释放的条件。对于建筑物外部场所（露天）、22 区范围由于气候，例如风、雨等的影响可以减小。在考虑 22 区的范围时，通常超出 21 区 3 m 及二级释放源周围 3 m 的距离（垂直向下延至地面或楼板水平面）。

（2）如果粉尘的扩散受到实体结构（墙壁等）的限制，它们的表面可作为该区域的边界。

（3）可以结合同类企业相似厂房的实践经验和实际的因素，适当地考虑可将整个厂房划为 22 区。

爆炸性粉尘环境的范围，应根据爆炸性粉尘的量、释放率、浓度和物理特性，以及同类企业相似厂房的实践经验等确定。爆炸性粉尘环境在建筑物内部，宜与厂房为单位确定范围。

三、爆炸性环境电力装置

1. 爆炸性气体环境对电力装置的要求

（1）爆炸性环境的电力装置设计，宜将设备和线路，特别是正常运行时能发生火花的设备，布置在爆炸性环境以外。当需设在爆炸性环境内时，应布置在爆炸危险性较小的地点。

（2）在满足工艺生产及安全的前提下，应减少防爆电气设备的数量。

（3）爆炸性环境内的电气设备和线路，应符合周围环境内化学、机械、热、霉菌以及风沙等不同环境条件对电气设备的要求。

（4）在爆炸性粉尘环境内，不宜采用携带式电气设备。

（5）爆炸性粉尘环境内的事故排风用电动机，应在生产发生事故情况下便于操作的地方设置事故启动按钮等控制设备。

（6）在爆炸性粉尘环境内，应尽量减少插座和局部照明灯具的数量。如必须采用时，插座宜布置在爆炸性粉尘不易积聚的地点，局部照明灯宜布置在事故时气流不易冲击的位置。粉尘环境中安装的插座必须开口的一面朝下，且与垂直面的角度不应大于 60°。

（7）爆炸性环境内设置的防爆电气设备，必须是符合现行国家相关标准的产品。

2. 爆炸性环境电气设备的选择

（1）爆炸危险区域的分区。

（2）可燃性物质和可燃性粉尘的分级。

（3）可燃性物质的引燃温度。

危险区域划分与电气设备保护级别的关系如下：

（1）爆炸性环境内电气设备保护级别的选择应符合表 2-12 的规定。

表 2-12　爆炸性环境内电气设备保护级别的选择

危险区域	设备保护级别（EPL）
0 区	Ga
1 区	Ga 或 Gb
2 区	Ga，Gb 或 Gc
20 区	Da
21 区	Da 或 Db
22 区	Da，Db 或 Dc

（2）电气设备保护级别（EPL）与电气设备防爆结构的关系应符合表 2-13 的规定。

表 2-13　电气设备保护级别（EPL）与电气设备防爆结构的关系

设备保护级别（EPL）	电气设备防爆结构	防爆形式
Ga	本质安全型	"ia"
	浇封型	"ma"
	由两种独立的防爆类型组成的设备，每一种类型达到保护等级别"Gb"的要求	—
	光辐射式设备和传输系统的保护	"op is"
Gb	隔爆型	"d"
	增安型	"e"
	本质安全型	"ib"
	浇封型	"mb"
	油浸型	"o"
	正压型	"px""py"
	充砂型	"q"
	本质安全现场总线概念（FISCO）	—
	光辐射式设备和传输系统的保护	"op pr"
Gc	本质安全型	"ic"
	浇封型	"mc"
	无火花	"n" "nA"
	限制呼吸	"nR"

表 2-13(续)

设备保护级别（EPL）	电气设备防爆结构	防爆形式
	限能	"nL"
	火花保护	"nC"
	正压型	"pz"
	非可燃现场总线概念（FNICO）	—
	光辐射式设备和传输系统的保护	"op sh"
Da	本质安全型	"iD"
	浇封型	"mD"
	外壳保护型	"tD"
Db	本质安全型	"iD"
	浇封型	"mD"
	外壳保护型	"tD"
	正压型	"pD"
Dc	本质安全型	"iD"
	浇封型	"mD"
	外壳保护型	"tD"
	正压型	"pD"

（3）选用的防爆电气设备的级别和组别,不应低于该爆炸性气体环境内爆炸性气体混合物的级别和组别。气体/蒸气或粉尘分级与电气设备类别的关系应符合表 2-14 的规定。当存在有两种以上可燃性物质形成的爆炸性混合物时,应按照混合后的爆炸性混合物的级别和组别选用防爆设备,无据可查又不可能进行试验时,可按危险程度较高的级别和组别选用防爆电气设备。对于标有适用于特定的气体、蒸气的环境的防爆设备,没有经过鉴定,将不允许使用于其他的气体环境内。

表 2-14 气体/蒸气或粉尘分级与电气设备类别的关系

气体/蒸气、粉尘分级	设备类别
IIA	IIA,IIB 或 IIC
IIB	IIB 或 IIC
IIC	IIC
IIIA	IIIA,IIIB 或 IIIC
IIIB	IIIB 或 IIIC
IIIC	IIIC

（4）Ⅱ类电气设备的温度组别、最高表面温度和气体/蒸气引燃温度之间的关系符合表2-15的规定。

表2-15　Ⅱ类电气设备的温度组别、最高表面温度和气体/蒸气引燃温度之间的关系

电气设备温度组别	电气设备允许最高表面温度	气体/蒸气的引燃温度	适用的设备温度级别
T1	450 ℃	>450 ℃	T1 ~ T6
T2	300 ℃	>300 ℃	T2 - T6
T3	200 ℃	>200 ℃	T3 ~ T6
T4	135 ℃	>135 ℃	T4 ~ T6
T5	100 ℃	>100 ℃	T5 ~ T6
T6	85 ℃	>85 ℃	T6

安装在爆炸性粉尘环境中的电气设备应采取措施防止热表面上的可燃性粉尘层引起的火灾危险。Ⅲ类电气设备的最高表面温度按现行的相关国家标准的规定进行选择。电气设备结构应满足电气设备在规定的运行条件下不降低防爆性能的要求。

当选用正压型电气设备及通风系统时，应符合下列要求：

（1）通风系统必须用非燃性材料制成，其结构应坚固，连接应严密，并不得有产生气体滞留的死角。

（2）电气设备应与通风系统连锁。运行前必须先通风，并应在通风量大于电气设备及其通风系统容积的5倍时，才能接通电气设备的主电源。

（3）在运行中，进入电气设备及其通风系统内的气体，不应含有易燃物质或其他有害物质。

（4）在电气设备及其通风系统运行中，对于px，py或pD型设备，其风压不应低于50 Pa，对于pz型设备，其风压不应低于25 Pa。当风压低于上述值时，应自动断开电气设备的主电源或发出信号。

（5）通风过程排出的气体，不宜排入爆炸危险环境；当采取有效地防止火花和炽热颗粒从电气设备及其通风系统吹出的措施时，可排入2区空间。

（6）对于闭路通风的正压型电气设备及其通风系统，应供给清洁气体。

（7）电气设备外壳及通风系统的小门或盖子应采取连锁装置或加警告标志等安全措施。

3. 爆炸性环境电气设备的安装

油浸型设备，应在没有振动、不会倾斜和固定安装的条件下采用。

在采用非防爆型电气设备时，安装电气设备的房间，应用非燃烧体的实体墙与爆炸危险区域隔开；电气设备房间的出口，应通向非爆炸危险区域和无火灾危险的环境；当安装电气设备的房间必须与爆炸性气体环境相通时，应对爆炸性气体环境保持相对的正压。

除本质安全电路外，爆炸性环境的电气线路和设备应装设过载、短路和接地保护，不可能产生过载的电气设备可不装设过载保护。爆炸性环境的电动机除按照相关规范要求装设必要的保护之外，均应装设断相保护。如果电气设备的自动断电可能引起比引燃危险造成的危险更大时，应采用报警装置代替自动断电装置。

为处理紧急情况,在危险场所外合适的地点或位置应采取一种或多种措施对危险场所设备断电。为防止附加危险产生,必须连续运行的设备不应包括在紧急断电回路中,而应安装在单独的回路上。

变、配电所和控制室的设计应符合下列要求:

(1)变电所、配电所(包括配电室,下同)和控制室应布置在爆炸危险区域范围以外,当为正压室时,可布置在1区、2区内;

(2)对于易燃物质比空气重的爆炸性气体环境,位于1区、2区附近的变电所、配电所和控制室的室内地面,应高出室外地面0.6 m。

4. 爆炸性环境电气线路的设计

(1)电气线路应在爆炸危险性较小的环境或远离释放源的地方敷设。

①当可燃物质比空气重时,电气线路应在较高处敷设或直接埋地;架空敷设时宜采用电缆桥架;电缆沟敷设时沟内应充砂,并宜设置排水措施。

②当可燃物质比空气轻时,电气线路宜在较低处敷设或电缆沟敷设。

③电气线路宜在有爆炸危险的建、构筑物的墙外敷设。

④在爆炸粉尘环境,电缆应沿粉尘不易堆积,并且易于粉尘清除的位置敷设。

(2)敷设电气线路的沟道、电缆或钢管,所穿过的不同区域之间墙或楼板处的孔洞,应采用非燃性材料严密堵塞。

(3)当电气线路沿输送易燃气体或液体的管道栈桥敷设时,应符合下列要求:

①沿危险程度较低的管道一侧;

②当易燃物质比空气重时,在管道上方;比空气轻时,在管道的下方。

(4)敷设电气线路时宜避开可能受到机械损伤、振动、腐蚀以及可能受热的地方,不能避开时,应采取预防措施。

(5)在爆炸性气体环境内,低压电力、照明线路用的绝缘导线和电缆的额定电压,必须不低于工作电压,且不应低于500 V。工作中性线的绝缘的额定电压应与相线电压相等,并应在同一护套或管子内敷设。

(6)在1区内单相网络中的相线及中性线均应装设短路保护,并使用双极开关同时切断相线及中性线。

(7)在1区内应采用铜芯电缆;在2区内宜采用铜芯电缆,当采用铝芯电缆时,与电气设备的连接应有可靠的铜 – 铝过渡接头等措施。

(8)在架空桥架敷设时宜采用阻燃电缆。

(9)对3~10 kV电缆线路,宜装设零序电流保护;在1区内保护装置宜动作于跳闸;在2区内宜作用于信号。

本质安全系统的电路应符合下列要求:

(1)当本质安全系统电路的导体与其他非本质安全系统电路的导体接触时,应采取适当预防措施,不应使接触点处产生电弧或电流增大、产生静电或电磁感应;

(2)连接导线当采用铜导线时,引燃温度为T1~T4组时,其导线截面与最大允许电流应符合表2-16的规定。

表 2-16　铜导线截面与最大允许电流(适用于 T1 ~ T4 组)

导线截面/mm²	0.017	0.03	0.09	0.19	0.28	0.44
最大允许电流/A	1.0	1.65	3.3	5.0	6.6	8.3

(3)导线绝缘的耐热强度应为 2 倍额定电压,最低为 500 V。

爆炸性环境电缆和导线的选择:

(1)在爆炸性环境内,低压电力、照明线路用的绝缘导线和电缆的额定电压,必须高于等于工作电压,且 U_0/U 不应低于工作电压。中性线的额定电压应与相线电压相等,并应在同一护套或保护管内敷设。

(2)在爆炸危险区内,除在配电盘、接线箱或采用金属导管配线系统内,无护套的电线不应作为供配电线路。

(3)在 1 区内应采用铜芯电缆;除本安型电路外,在 2 区内宜采用铜芯电缆,当采用铝芯电缆时,其截面不得小于 16 mm²,且与电气设备的连接应采用铜 – 铝过渡接头。敷设在爆炸性粉尘环境 20 区、21 区以及在 22 区内有剧烈振动区域的回路,均应采用铜芯绝缘导线或电缆。

除本质安全系统的电路外,在爆炸性环境内电缆配线的技术要求,应符合表 2-17 的规定。

表 2-17　爆炸性气体环境电缆配线的技术要求

爆炸危险区域　项目	电缆明设或在沟内敷设时的最小截面			接线盒	移动电缆
	电　力	照　明	控　制		
1 区、20 区、21 区	铜芯 2.5 mm² 及以上	铜芯 2.5 mm² 及以上	铜芯 2.5 mm² 及以上	隔爆型	重型
2 区、22 区	铜芯 1.5 mm² 及以上,铝芯 4 mm² 及以上	铜芯 1.5 mm² 及以上,铝芯 2.5 mm² 及以上	铜芯 1.5 mm² 及以上	隔爆、增安型	中型

注:①明设塑料护套电缆,当其辐射方式采用能防止机械损伤的电缆槽板、托盘或桥架方式时,可采用非铠装电缆。在易燃物质比空气轻且不存在会受鼠、虫等损害情形时,在 2 区电缆沟内敷设的电缆可采用非铠装电缆。

②铝芯绝缘导线或电缆的连接与封端应采用压接、焊接或钎焊,当与电气设备(照明灯具除外)连接时,应采用适当的过渡接头。

③在 1 区内电缆线路严禁有中间接头,在 2 区内不应有中间接头。

除本质安全系统的电路外,在爆炸性环境内电压为 1 000 V 以下的钢管配线的技术要求,应符合表 2-18 的规定。

表 2-18　爆炸性气体环境钢管配线的技术要求

爆炸危险区域 项目	钢管明配线路用绝缘导线的最小截面			接线盒分支盒 挠性连接管	管子连接要求
	电　力	照　明	控　制		
1 区、20 区、21 区	铜芯 2.5 mm² 及 以上	铜芯 2.5 mm² 及 以上	铜芯 2.5 mm² 及 以上	隔爆型	对 Dg25 mm 及以 下的钢管螺纹旋合 不应少于 5 扣,对 Dg32 mm 及以上的 不应少于 6 扣并有 锁紧螺母
2 区、22 区	铜芯 1.5 mm² 及 以上,铝芯 4 mm² 及 以上	铜芯 1.5 mm² 及 以上,铝芯 2.5 mm² 及 以上	铜芯 1.5 mm² 及 以上	隔爆、增安型	对 Dg25 mm 及以 下的螺纹旋合不应少 于 5 扣,对 Dg32 mm 及以上的不应少于 6 扣

注:钢管应采用低压流体输送,用镀锌焊接钢管。为了防腐蚀,钢管连接的螺纹部分应涂以铅油或磷化膏。在可能凝结冷凝水的地方,管线上应装设排除冷凝水的密封接头。与电气设备的连接处宜采用挠性连接管。

在爆炸性气体环境 1 区、2 区内钢管配线的电气线路必须做好隔离密封,且应符合下列要求。

(1)爆炸性气体环境 1 区、2 区内,下列各处必须做隔离密封:

①当电气设备本身的接头部件中无隔离密封时,导体引向电气设备接头部件前的管段处。

②直径 50 mm 以上钢管距引入的接线箱 450 mm 以内处,以及直径 50 mm 以上钢管每距 15 m 处。

③相邻的爆炸性环境之间;爆炸性气体环境与相邻的其他危险环境或正常环境之间。

进行密封时,密封内部应用纤维作为填充层的底层或隔层,以防止密封混合物流出,填充层的有效厚度必须大于钢管的内径。

(2)供隔离密封用的连接部件,不应作为导线的连接或分线用。

在爆炸性气体环境内,绝缘导线和电缆截面的选择,应符合下列要求:

(1)导体允许载流量,不应小于熔断器熔体额定电流的 1.25 倍,不应小于自动开关长延时过流脱扣器整定电流的 1.25 倍。

(2)引向电压为 1 000 V 以下鼠笼型感应电动机支线的长期允许载流量,不应小于电动机额定电流的 1.25 倍。

10 kV 及以下架空线路严禁跨越爆炸性气体环境,架空线路与爆炸性气体环境的水平距离,不应小于杆塔高度的 1.5 倍。在特殊情况下,采取有效措施后,可适当减少距离。

5.爆炸性环境接地设计

爆炸性气体环境接地设计应符合下列要求。

(1)爆炸性环境电力系统接地的设计

①TN 系统　爆炸性环境中的 TN 系统应采用 TN-S 型;

②TT 系统　危险区中的 TT 型电源系统应采用剩余电流动作的保护电器;

③IT 系统　爆炸性环境中的 IT 型电源系统,应设置绝缘监测装置。

(2)等电位联结

爆炸性气体环境中应设置等电位联结,所有裸露的装置外部可导电部件应接入等电位系统。

本质安全型设备的金属外壳可不与等电位系统连接,但制造厂有特殊要求的除外。具有阴极保护的设备不应与等电位系统连接,专门为阴极保护设计的接地系统除外。

(3)按有关电力设备接地设计技术规程规定不需要接地的下列部分,在爆炸性气体环境内仍应进行接地。

①在不良导电地面处,交流额定电压为 380 V 及以下和直流额定电压为 440 V 及以下的电气设备正常不带电的金属外壳;

②在干燥环境,交流额定电压为 127 V 及以下,直流电压为 110 V 及以下的电气设备正常不带电的金属外壳;

③安装在已接地的金属结构上的电气设备。

(4)在爆炸危险环境内,电气设备的金属外壳应可靠接地。爆炸性气体环境 1 区、20 区、21 区内的所有电气设备以及爆炸性气体环境 2 区、22 区内除照明灯具以外的其他电气设备,应采用专门的接地线。该接地线若与相线敷设在同一保护管内时,应具有与相线相等的绝缘。此时爆炸性气体环境的金属管线,电缆的金属包皮等,只能作为辅助接地线。

爆炸性气体环境 2 区、22 区内的照明灯具,可利用有可靠电气连接的金属管线系统作为接地线,但不得利用输送易燃物质的管道。

(5)接地干线应在爆炸危险区域不同方向不少于两处与接地体连接。

(6)电气设备的接地装置与防止直接雷击的独立避雷针的接地装置应分开设置,与装设在建筑物上防止直接雷击的避雷针的接地装置可合并设置;与防雷电感应的接地装置亦可合并设置。接地电阻值应取其中最低值。

四、其他特殊环境下对电力装置的要求

1. 腐蚀场所对电力装置的要求

(1)腐蚀环境分类

腐蚀环境分类见表 2-19。

表 2-19　腐蚀环境分类

环境特征	类　　别		
	0 类	1 类	2 类
	轻腐蚀环境	中等腐蚀环境	强腐蚀环境
化学腐蚀性物质的释放状况	一般无泄漏现象,任一种腐蚀物质的释放严酷度经常为 Ⅰ 级,有时(如事故或不正常操作时)可能达 Ⅲ 级	有泄漏现象,任一种腐蚀物质的释放严酷度经常为 Ⅱ 级,有时(如事故或不正常操作时)可能达 Ⅲ 级	泄漏现象较严重,任一种腐蚀性物质的释放严酷度经常为 Ⅲ 级,有时(如事故或不正常操作时)偶然超过 Ⅲ 级

表 2-19(续)

环境特征	类　　别		
	0 类	1 类	2 类
	轻腐蚀环境	中等腐蚀环境	强腐蚀环境
地区最湿月平均最高相对温度(25 ℃)	65% 及以上	75% 及以上	85% 及以上
操作条件	由于风向关系,有时可闻到化学物质气味	经常能闻到化学物质的刺激,但不需佩戴防护器具进行正常的工艺操作	对眼睛或外呼吸道有强烈刺激,有时需佩戴防护器具才能进行正常的工艺操作
表观现象	建筑物和工艺、电气设施只有一般锈蚀现象,工艺和电气设施只需常规维修;一般树木生长正常	建筑物和工艺、电气设施锈蚀现象明显,工艺和电气设施一般需年度大修;一般树木生长不好	建筑物和工艺、电气设施锈蚀严重,设备大修间隔期较短;一般树木成活率低
通风情况	通风条件正常	自然通风良好	通风条件不好

注:如果地区最湿月平均最低温度低于 25 ℃时,其同月平均最高相对湿度必须换算到 25 ℃时的相对湿度。

(2)室内外腐蚀环境电气设备的选择

室内外腐蚀环境电气设备的选择见表 2-20。

表 2-20　室内外腐蚀环境电气设备的选择

电气设备名称	室内环境类别			室外环境类别		
	0 类	1 类	2 类	0 类	1 类	2 类
配电装置和控制装置	封闭型	F1 级防腐型	F2 级防腐型	W 级室外型	WF1 级室外防腐型	WF2 级室外防腐型
电力变压器	普通型或全密闭型	全密闭型或防腐型	—	普通型或全密闭型	全密闭型或防腐型	—
电动机	基本系(如 Y 系列电动机)	F1 级专用系列	F2 级专用系列	W 级室外型	WF1 级专用系列	WF2 级专用系列
控制电器和仪表(包括按钮、信号灯、电表、插座等)	保护型、封闭型或密闭型	F1 级防腐型	F2 级防腐型	W 级室外型	WF1 级室外防腐型	WF2 级室外防腐型
灯具	普通型或放水防尘型	防腐型		防水防尘型	室外防腐型	
电线	塑料绝缘电线	橡皮绝缘电线或塑料护套电线		塑料绝缘电线	塑料绝缘电线	
电缆	塑料外护层电缆			塑料外护层电缆		

表 2-20（续）

电气设备名称	室内环境类别			室外环境类别		
	0 类	1 类	2 类	0 类	1 类	2 类
电缆桥架	普通型	F1 级防腐型	F2 级防腐型	普通型	WF1 级防腐型	WF2 级防腐型

注：使用环境类别和标志符号：F1，F2 为室内 1 类、2 类；W，WF1，WF2 为室外 0 类、1 类、2 类。

（3）五种防护类型防腐电工产品的使用环境条件

五种防护类型防腐电工产品的使用环境条件见表 2-21。

表 2-21　防护类型防腐电工产品的使用环境条件

环境参数		W	WF1	WF2	F1	F2
空气温度/℃	最高	+40			+40	
	最低	−20，−35			−5	
高相对湿度/%		100			95	
太阳辐射/（W/mm²）		1 120			700	
周围空气运动速度/（m/s）		30			10	
降雨强度/（mm/min）		6			—	
凝露		有			有	
结冰（霜）条件		有			有	
溅水条件		有			有	
化学气体浓度[①]/（mg/m³）	二氧化硫	0.3	5.0	13	5.0	13
	硫化氢	0.1	3.0	14	3.0	14
	氯气	0.1	0.3	0.6	0.3	0.6
	氯化氢	0.1	1.0	3.0	1.0	3.0
	氟化氢	0.01	0.05	0.1	0.05	0.1
	氨气	1.00	10	35	10	35
	氧化氮[②]	0.5	3.0	10	3.0	10
	砂（mg/m³）	300	1 000	4 000	300	3 000
砂尘浓度	尘（飘浮 mg/m³）	5.0	15	20	0.4	4.0
	尘（尘低 mg/m³·d）	500	1 000	2 000	350	1 000

①化学气体浓度一律采用平均值，即长期测定值的平均值。

②换算为二氧化氮的值。

2. 高原地区对电力装置的要求

高原地区的电气设备选择与正常海拔使用环境的电气设备选择有许多不同之处。高原气候具有常年气温低、气压低、空气稀薄、干燥、日夜温差大的特点，因此对于电气设备的温升及绝缘两方面将会有显著影响。

（1）高压开关设备

高原气候对高压开关设备的影响首当其冲，因为当海拔升高时，气压随之降低，空气的绝缘强度减弱，使电器外绝缘能力降低而对内绝缘影响很小。由于设备的出厂试验是在正常海拔地点进行的，因此根据国际电工委员会（IEC）对于开关设备以其额定工频耐压值和额定脉冲耐压值来鉴定绝缘能力，对于使用地点超过 1 000 m 以上时，应做适当的校正。

对 10 kV 开关柜，其额定电压为 12 kV；额定工频耐压值（有效值）为 32 kV（对隔离距离）和 28 kV（各相之间及对地）；额定脉冲耐压值（峰值）为 85 kV（对隔离距离）和 75 V（各相之间及对地）。

校正公式为

$$应选的额定工频耐压值 = 额定工频耐压值/1.1 \times \alpha$$
$$应选的额定雷电脉冲耐压值 = 额定雷电脉冲耐压值/1.1 \times \alpha$$

其中 α 为校正系数。例如西藏日喀则地区，α 取 0.66，由此可得，相应的耐压值增加约 37.7%。

而随着海拔的升高，空气密度降低，散热条件变差，会使高压电器在运行中温升增加，但空气温度随海拔高度的增加又相应递减，其值基本可以补偿由海拔升高对电器温升的影响，因而认为在海拔不超过 4 000 m 情况下，高压电器的额定电流值保持不变。

（2）干式变压器

对于平时常用的环氧树脂干式变压器来说，国家标准关于以上两个因素有着明确的校正方法。根据 GB 6450《干式变压器》中第 3.2.3 条和 4.2 条的规定，对于在超过 1 000 m 海拔处运行，并在正常海拔进行试验的变压器，其温升限值应相应递减，超过 1 000 m 海拔部分以 500 m 为一级，温升限值按自冷变压器 2.5%、风冷变压器 5% 减小；额定短时工频耐受电压值同时增加 6.25%。

例如西藏日喀则地区海拔 4 000m，干式变压器的额定短时工频耐受电压值需增加

$$(4000 - 1000)/500 \times 6.25\% = 37.5\%$$

即 $28 \times (1 + 37.5\%) = 38.5(kV)$，相当于 15 kV 级的产品。

温升限值校正为

$$(4000 - 1000)/500 \times 5\% = 30\%$$
$$(4000 - 1000)/500 \times 2.5\% = 15\%$$

由于 F 级环树脂干式变压器允许温升为 100 ℃，因此设计值控制在 70 ℃。

（3）低压电气设备

对于低压电气设备，情况要稍好一些。根据 JB/Z 0103—11 标准及科研部门的调查研究，现有普通型低压电器在高原地区的使用如下。

①温度　现有一般低压电器产品，使用于高原地区时，其动、静触头和导电体以及线圈等部分的温度随海拔高度的增加而递增，它温升递增率为海拔每升高 100 m，温升增加 0.1～0.5 ℃，但大多数产品均小于 0.4 ℃。而高原地区气温随海拔高度的增加而降低，其递减率为海拔每升高 100 m，气温降低足够补偿由海拔升高对电器温升的影响，因此低压电器的额定电流值可以保持不变，对于连续工作的大发热量电器，可适当降低电源等级使用。

②绝缘耐压　普通型低压电器在海拔 2 500 m 时仍有 60% 的耐压裕度，且通过对国产常用继电器与转换开关等的试验表明，在海拔 4 000 m 及以下地区，均可在其额定电压下正常

运行。

③动作特性　海拔升高时,双金属片热继电器和熔断器的动作特性有少许变化,但在海拔 4 000 m 以下时,均在其技术条件规定的特性曲线"带"范围内,RTO 等国产常用熔断器的熔化特性最大偏差均在容许偏差的 50% 以内。而国产常用热继电器的动作稳定性较好,其动作时间随海拔升高有显著缩短,根据不同的型号,分别为正常动作时间的 40% ~73% 。也可在现场调节电流整定值,使其动作特性满足要求。通过对低压熔断器非线性的环境温度对时间 – 电流特性曲线研究表明,熔体的载流能力在同样的较小的过载电流倍数情况下(轻载)熔断时间随环境温度减小而增加,在 20 ℃ 以下时,变化的程度则更大;而在同样的较大的过载电流倍数情况下(短路保护时),熔断时间随环境温度的变化可不做考虑,因此在高原地区的使用熔断器开关作为配电线路的过载与短路保护时,其上下级之间的选择性应特别加以考虑。在采用低压断路器时,应留有一定的断路与工作余量。由此可见,熔断器在高原的使用环境下可靠性和保护特性更为理想。

(4)柴油发电机

对在高原地区使用空气燃烧的柴油发电机来说,其工作效率将大大下降。因为高原地区气压低、空气稀薄,柴油发电机工作时,柴油燃烧很不充分,单位用量柴油的输出功率将大大下降,同时柴油发电机的维护工作量也大大增加,因此在高原地区使用空气燃烧的柴油发电机要降容使用。例如在海拔 4 000 m 处,柴油发电机的输出功率下降为 30% 左右。

3.热带地区对电力装置的要求

根据热带地区环境因素的不同,在选用低压电力装置时必须区分使用环境条件是湿热带型(TH),还是干热带型(TA),并满足表 2-22 热带型低压电器使用环境条件。

表 2-22　热带型低压电器使用环境条件

环境因素		湿热带型	干热带型
空气温度/℃	年最高	40	45
	年最低	0	−5
空气相对湿度/%	最湿月平均最大相对湿度	95(25 ℃时)	—
	最干月平均最大相对湿度	—	10(40 ℃时)
凝露		有	
霉菌		有	
砂尘		—	有

思　考　题

1.何谓 TN 系统,在 TN 系统中进行重复接地有什么意义?

2.接触电压和跨步电压是如何形成的,有何区别?

3.什么是保护接地?什么是保护接零,有何区别?

4. 什么叫接地电阻？人工接地的接地电阻主要指的是哪一部分电阻？

5. 什么叫共用接地和独立接地，各有何有缺点？

6. 建筑物的电击防护措施主要有哪些？

7. 某 380 V IT 系统有两路电缆馈线 L_1 和 L_2，L_1 长度为 150 m，L_2 长度为 230 m，两条线路上所有设备的接地电阻均为 10 Ω，且采用分别接地。试计算当线路 L_1 上某台设备发生单相碰壳故障且被人触及时，流过人体电流的大小。（不考虑设备本身的对地泄露电流，人体接触阻抗取为纯阻性 1 000 Ω）

8. 某路灯回路采用了 TT 系统，灯具功率 $P_r = 250$ W，$\cos \varphi = 0.6$，灯具接地电阻为 10 Ω，系统中性点接地电阻为 4 Ω。试整定作灯具短路保护用的熔断器熔体额定电流，并校验在单相碰壳故障发生时熔断器能否在规定时间 5 s 内动作。

9. 等电位连接方法有哪些，各有何有缺点？

10. 剩余电流保护器可应用于何种系统，各系统在应用时应注意哪些问题？

11. 在选择 RCD 时，其 $I_{\Delta n}$ 和 $I_{\Delta no}$ 将如何选择？并举例说明。

12. 供配电系统中常见过电压有哪些？

13. 漏电保护装置发生误动作和拒动作的原因有哪些？

14. 哪些场合应安装不切断电源的漏电报警装置？

15. 爆炸性气体环境如何分区？

16. 爆炸性气体环境应选用何种电气设备？

17. 爆炸性粉尘环境如何分区？

18. 爆炸性粉尘环境应选用何种电气设备？

第三章　建筑物的雷击防护

雷电是一种强烈的大气放电现象。雷电闪击能够对地面上的建筑物和设施产生严重的破坏作用,它是间接和直接造成许多灾害的根源之一。长期以来,关于建筑物的防雷保护问题一直是建筑电气工程中一个必须考虑的重要问题,随着现代建筑智能化趋势的迅猛发展,这一问题的重要性正日益显著。

第一节　概　　述

一、雷电的形成

1. 雷云的形成

一般认为,雷云是在某些适当的气象和地理条件下,由强大的潮湿热气流不断上升进入稀薄大气层后冷凝的结果。在夏季,由于太阳的照射,使得地面上的水分部分地转化为蒸汽,同时地面本身也因吸收太阳的辐射热量而温度升高,这种晒热的地面又将进一步加热地面附近的暖湿空气。空气受热后发生膨胀,其密度减小,压强也减小,因此热空气就会上升,从而形成上升的热气流。太阳辐射几乎不能直接使空气变热,热气流每上升 1 km,其温度约下降 10 ℃。当热气流上升到高空稀薄大气层遇到这里的冷空气时,气流团中的水蒸气就会冷凝并结成小水滴,形成雷云。除此之外,当冷气团或暖气团水平移动时,在其前锋交界面两侧,温度相差很大,锋面下侧的冷气团将锋面上侧的暖气团抬高,形成锋面雷云,如图 3-1 所示。与热雷云相比,锋面雷云的覆盖范围是相当大的。

图 3-1　锋面雷云形成示意图

雷云的带电可能是一个综合性过程,主要需要考虑以下三种效应。

（1）水滴分裂效应

云中的水滴在强气流作用下会被吹裂,较大的残滴带正电荷,较小的残滴带负电荷。由于较小的残滴质量轻,会被气流携带走,于是在云的各个部分可能会出现不同的电荷。

（2）感应起电效应

大量测试结果表明,地球带负电,其电荷量约为 50 万库仑,而在地球的上空存在着一个带正电荷的电离层,于是在电离层与地面之间就形成了一个电力线指向地面的大气电场。在这一大气电场的作用下,云中的水滴将被感应极化,其上部出现负电荷,下部出现正电荷。

（3）水滴结冰效应

水在结冰时会带正电荷,而未结冰的水带负电荷,因此在云中的冰晶粒区中,当上升气流将冰晶粒上面的水分带走后,就会产生电荷分离,使冰晶粒带上正电荷。

一般情况下,雷云内部的各个部分都会出现电荷,有的部分带正电荷,有的部分带负电荷,电荷分布很不规则,且分布的随机性很大。但是如果从远处看雷云的外部,可以把雷云内部的电荷分布宏观地看成是三个电荷集中区,如图 3-2 所示,正电荷集中区 P 在雷云中的上部,负电荷集中区 N 在雷云中的下部,弱正电荷集中区 P′在雷云的底部。

实际上,雷云内部的电荷分布远不是均匀集中的,常会形成很多个电荷密集中心,每个电荷密集中心的电荷量约为 0.1 ~ 10 C,而一大块雷云的整体净电荷可达上百库仑。雷云内部的平均电场强度约为 1.5×10^5 V/m,在雷击时可达 3.5×10^5 V/m,雷云下方地面上的场强一般为 $(1.5 \sim 4.5) \times 10^4$ V/m,最大可达 1.5×10^5 V/m。由图 3-2 可见,如果从雷云下方观察雷云,雷云好像是带负电荷的,它在云与地之间产生电场的方向与晴天大气电场的方向是相反的,因此在雷暴到来时,常会观察到大气中电场会突然改变方向,如图 3-3 所示。在晴天时,大气电场方向是上正下负,指向地面,见图 3-3(a)。在出现雷云时,由于雷云自身电荷及其在地面上的感应作用,使云与地之间的电场突然改变方向,变为上负下正,指向雷云,见图 3-3(b)。当雷云发展到成熟阶段时,云与地之间的这种反向的电场强度将进一步增大,这就为雷云向地面或地面目标的放电创造了条件,如图 3-3(c)所示。

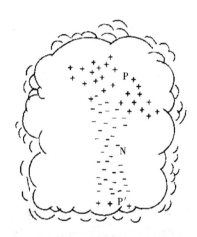

图 3-2　雷云内部的三个电荷集中区

2. 雷云放电过程

雷云对地放电过程可分为三个阶段,即先导放电阶段、回击阶段和余晖阶段。

（1）先导放电阶段

带电雷云在地面上空形成后,由于静电感应的作用,雷云电荷在地面上感应出反极性的电荷。雷云下部的电荷大多数为负极性的,因此在地面上感应出的电荷多为正极性的,如图 3-4(a)所示。随着雷云的发展,在其内部负电荷集中区 N 与弱正电荷集中区 P′之间的电场强度将达到足够高的数值(超过 10^6 V/m),能够将这里的水滴和冰晶粒之间的空气击穿,使得这两个电荷集中区间首先发生放电,如图 3-4(b)所示。这一内部放电所形成的流注(由一系列

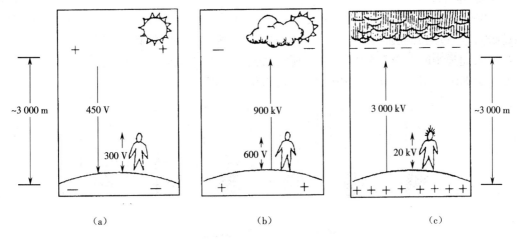

图3-3　雷暴到来时云地间电场及电位差变化

（a）晴天大气电场；（b）雷云出现时大气电场反向；（c）雷云前反向大气电场增强

再生电子崩构成的游离波）向下方延伸,为雷云对地放电打下基础。当雷云发展到使云与地之间的局部空间场强超过空气的绝缘强度[约$(2.5 \sim 3) \times 10^{6}$ V/m]时,局部空气的游离将会发生,使得这里的空气由原来的绝缘状态转变为导电状态。空气的游离从雷云底部开始,使流注越过雷云底部边缘向下发展,各流注的发展将形成一种向下运动的热游离通道,即下行先导,如图3-4（c）所示。在先导的头部实际上是由许多流注组成的游离区,先导放电就是依靠其头部的流注放电来维持的。估计先导前端的对地电位可高达$10 \sim 100$ MV,这种流注区的大小与雷云及先导通道中所带电荷的多少有关,它的位置对地面或地面物体上的落雷点（雷击点）将起着决定性的作用。下行先导放电并不是连续进行的,不能一次性贯通雷云与地之间的全部空间,而是以阶跃的方式分级发展。每一段先导的发展速度很快,平均约为10^{7} m/s,但它在发展到一定长度（平均约50 m）后就要停歇一段时间（约$30 \sim 90$ μs）,然后再继续发展,所以先导放电发展的总体速度相对比较慢,约为$(1 \sim 2) \times 10^{5}$ m/s。由于先导通道具有较高的电导率,雷云中的负电荷将沿先导通道分布,并随先导的发展而不断向下伸展,相应地,在地面及地面物体上感应出的正电荷也逐步增多。使得先导通道前端与地面之间的电场强度也逐渐增大,这将会进一步促进下行先导向地面的发展。

（2）回击阶段

下行先导通道发展到临近地面时,由于其头部与地面物体之间的距离很短,场强可达到非常高的数值,使得这里的空气急剧游离,从而把先导通道中的负电荷与地面或地面物体上的正电荷接通,如图3-4（d）所示。正、负电荷将分别向上和向下运动,去中和各自异性电荷,于是就开始了回击阶段。回击也常称为主放电,如图3-4（e）所示。回击阶段所需的时间极短,只有$50 \sim 100$ μs,其发展速度也比先导放电快得多,约为$(2 \sim 15) \times 10^{7}$ m/s。由回击所产生的雷电流很大,可达几百千安。在回击阶段,由于电荷的强烈中和以及放电通道中电流很大,使得通道的温度迅速升高,发出耀眼的闪光,这就是人们所见到的闪电。同时,由于放电通道的高温使周围的空气骤然膨胀,以及在放电光花作用下使空气分解,并产生瓦斯爆炸,回击时将发出强大的雷鸣,这也就是人们在看到闪电后所听到的震耳欲聋的雷声。

（3）余晖阶段

回击阶段在回击到达雷云端时就结束，如图 3-4(f)所示。然后，雷云中已放电的电荷区中的残余电荷经过主放电通道流向大地，这时通道中尚维持着一定的辉光，故称为余晖阶段。回击结束后，通道中的电导率大为减小，电荷运动较慢，所以在余晖阶段所产生的雷电流不大，约为 100～1 000 A，但其持续时间却很长，可达 0.03～0.05 s。

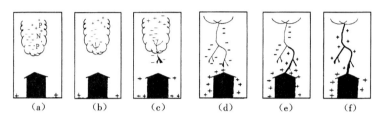

图 3-4　雷云对地的放电过程

（a）放电前雷云中电荷结构；（b）雷云内 N 与 P'先放电击穿；
（c）雷云底部形成下行先导；（d）下行先导到达地面物体；
（e）回击开始；（f）回击发展到云端

二、雷电参数

1. 雷电日

地面上不同地区雷电活动的频繁程度通常是以年平均雷电日数度量的。雷电日的定义：在指定地区内一年四季所发生雷电放电的天数，以 T_d 表示。一天内只要听到一次或一次以上的雷声就算是一个雷电日。这里所说的雷声既包括雷云对地放电发出的，也包括雷云之间放电发出的，由此可知，雷电日并不仅仅表征地面落雷的频繁程度。由于在不同年份中观测到的雷电日数变化较大，所以要将多年份雷电日观测数据进行平均，取其平均值（年平均值）作为防雷设计中使用的雷电日数据。由于我国幅员辽阔，各地区的雷电日数之间存在着较大的差异。全国各地的雷电活动情况大致可归结为华南比西南强，华北比东北强，西南比长江流域强，长江流域比华北强，华北比东北强，海南省和广东的雷州半岛是我国雷电活动最为频繁的地区，它们的年平均雷电日高达 100～133 天。北纬 23.5 ℃以南一般在 80 天以上，北纬 23.5 ℃到长江一带约为 40～80 天，长江以北大部分地区（包括东北）多在 20～40 天之间，全国一些重要城市的年平均雷电日见表 3-1。根据雷电活动的频繁程度，通常把我国年平均雷电日数超过 90 天的地区叫作强雷区，把超过 40 天的地区叫作多雷区，把不足 15 天的地区叫作少雷区。

表 3-1　全国一些重要城市的年平均雷电日

城市	雷电日/天	城市	雷电日/天
北京	36.3	武汉	34.2
天津	29.3	长沙	46.6
石家庄	31.2	广州	76.1

表 3-1(续)

城市	雷电日/天	城市	雷电日/天
太原	34.5	南宁	84.6
呼和浩特	36.1	成都	34
沈阳	26.9	贵阳	49.4
长春	35.2	昆明	63.4
哈尔滨	27.7	拉萨	68.9
上海	28.4	西安	15.6
南京	32.6	兰州	23.6
杭州	37.6	西宁	31.7
合肥	30.1	银川	18.3
福州	53	乌鲁木齐	9.3
南昌	56.4	海口	104.3
济南	25.4	台北	27.9
郑州	21.4	香港	34

2. 地面落雷密度

雷电日的统计未区分雷云之间放电和雷云对地放电,从大量的观察结果来看,雷云之间放电远多于雷云对地放电。在一定区域内,如果雷电日数越多,则雷云之间放电的比重也就越大。雷云之间放电与雷云对地放电之比在温带约为 1.5~3,在热带约为 3~6。应当说,对于建筑物防雷设计来说,更具有实际意义的是雷云对地放电的年平均次数,但目前还缺乏这方面比较可靠的观察统计数据。

雷云对地放电的频繁程度可以用地面落雷密度 γ 来表示,γ 是指每个雷电日每平方公里地面上的平均落雷次数。事实上,地面落雷密度 γ 与年平均雷电日数 T_d 有关,如果 T_d 增大,则 γ 也将随之增大。由于我国幅员广大,T_d 变化很大,γ 变化也很大,因此在防雷设计中一律采用同一个 γ 值将会造成误差。关于地面落雷密度 γ 与年平均雷电日数 T_d 之间的关系,可采用以下经验公式来近似计算

$$\gamma = \alpha T_d^c \tag{3-1}$$

式中 T_d——当地年平均雷电日数;

α——常数,取值为 0.024;

c——常数,取值为 0.3。

于是每平方公里年平均落雷次数 N_g 可表示

$$N_g = \gamma T_d = \alpha T_d^{1+c} = 0.024\,T_d^{1.3} \quad \text{或} \quad N_g = 0.1T_d \tag{3-2}$$

上式中的 N_g 也常称为年平均落雷密度。

在了解了地面落雷密度概念之后,就可以利用它来估算建筑物的年雷击次数。建筑物的年预计雷击次数 N 与建筑物截收相同雷击次数的等效面积 A_e、建筑物所处地区雷击大地的年

平均密度 N_g 以及建筑物所处的地形有关,可按以下经验公式来估算

$$N = kN_gA_e \tag{3-3}$$

式中　k——校正系数,在一般情况下取 1;位于河边、湖边、山坡下或山地中土壤电阻率较小
　　　　　　处、地下水露头处、土山顶部、山谷风口等处的建筑物,以及特别潮湿的建筑物取
　　　　　　1.5;金属屋面没有接地的砖木结构建筑物取 1.7,位于山顶上或旷野的孤立建筑
　　　　　　物取 2;

　　　N_g——建筑物所处地区雷击大地的年平均密度,次/(km^2·a);

　　　A_e——与建筑物截收相同雷击次数的等效面积,km^2。

　　考虑到建筑物的引雷效应,其与建筑物截收相同雷击次数的等效面积 A_e 应为其顶部几何
面积向外扩展的面积。现以一个长、宽、高分别为 L, W, H 的建筑物为例,来说明估算 A_e 的方
法,如图 3-5 所示。当建筑物高度 H 小于 100 m 时,其扩展宽度 D 为

$$D = \sqrt{H(200 - H)} \tag{3-4}$$

等值受雷面积为

$$A_e = \left[LW + 2(L + W)D + \pi D^2 \right] \times 10^{-6} \tag{3-5}$$

式中　D——建筑物每边的扩展宽度,m;

　　　L, W, H——建筑物的长、宽、高,m。

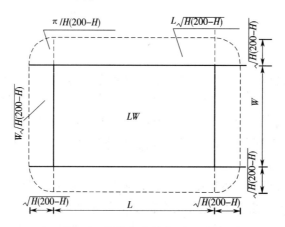

图 3-5　建筑物的等值受雷面积

　　当建筑物的高度 H 大于或等于 100 m 时,其每边的扩展宽度 D 应按建筑物的高度 H 来计
算,其等值受雷面积应按下式来确定

$$A_e = \left[LW + 2H(L + W) + \pi H^2 \right] \times 10^{-6} \tag{3-6}$$

　　当建筑物上各部位高低不平时,应沿其周边远点算出最大扩展宽度,其等值受雷面积应根
据每点最大扩展宽度外端的连线所包围的面积来计算。

3. 雷击电流脉冲波形及参数

（1）雷击电流脉冲波形

一次直接雷击放电的雷电流波形是由许多不同脉冲波形组合的。它可以包含若干个短时
雷击波形和若干个长时雷击波形,而且组合规律与雷击的形成过程有关。

由雷云向下先导发展所形成的向下闪击,其组合至少有一个首次短时雷击,其后可能有多
次后续短时雷击,并可能含有一次或多次长时间雷击。根据对平原和低建筑物典型的向下闪

击分析,可归纳为四种组合波形,如图 3-6 所示。其中图 3-6(a)表示只有一个首次短时雷击;图 3-6(b)表示在首次短时雷击后紧接着有一个长时间雷击;图 3-6(c)表示在首次短时雷击后有若干个后续短时雷击;图 3-6(d)表示在首次短时雷击后,有若干个长时与短时交替雷击。把四种组合归纳一下可以得到这样的结论:对于向下闪击,其雷电流波形首先是一个幅值极大的短时脉冲,表明了主放电特征;然后可能是若干个幅值较小的短时脉冲和长时间脉冲组合,表明了后续放电特征。

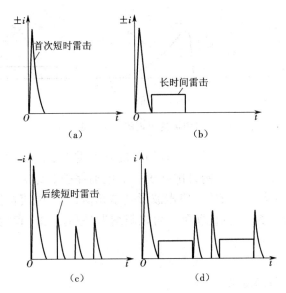

图 3-6　向下闪击可能的雷击组合

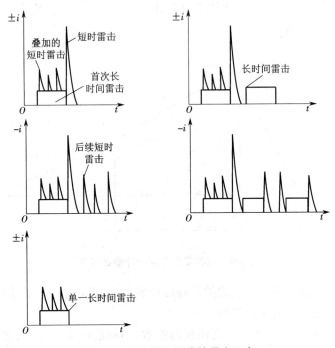

图 3-7　向上闪击可能的雷击组合

由高层建筑物向上先导发展所形成的向上闪击,其组合至少有一个首次长时间雷击,在其长时间雷击上还可能叠加若干次短时雷击;其后可能有多次短时雷击,还可能有一次或多次长时间雷击。根据对100 m以上高层建筑物典型的向上闪击分析,可归纳为五种组合波形,如图3-7所示。

由图3-6和图3-7可见,各种雷击组合波形均由以下三种可能出现的雷击电流脉冲构成:首次短时雷击、后续短时雷击和长时间雷击,这三种雷击电流波形示于图3-8。

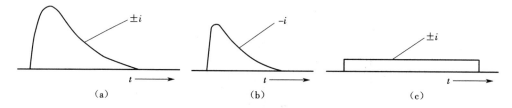

图3-8　闪击中可能出现的三种雷击电流波形

把各种复杂的雷击放电过程归纳为三种简单的基本雷击电流脉冲,可使我们对雷击电磁脉冲的分析计算大大简化,并便于制订国际统一的电涌保护器标准和测试方法。实际上,图3-8中的首次短时雷击波形与后续短时雷击波形基本相似,只是电流幅值和作用时间不同,在某些问题讨论中可以合二为一,因此实际上可以归纳为"短时雷击"和"长时间雷击"两种基本雷击电流波形。

(2)雷击电流脉冲参数

①雷击电流脉冲参数的定义

短时雷击电流脉冲,其全波波形开始是随时间以近似指数函数规律上升至峰值,然后又以近似指数函数规律下降到零。这种非周期性冲击波,主要由三个参数决定:峰值电流I、波头时间T_1、半值时间T_2,如图3-9所示。

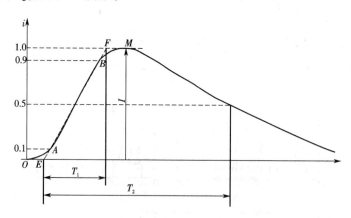

图3-9　短时雷击电流脉冲参数定义

峰值电流即电流幅值,由波形曲线的波峰高度确定,显然它是决定雷击电流的一个重要参数,也是考核防雷产品等级的重要参数。

波头时间是表示雷击电流上升速度快慢的参数,当峰值电流一定时,波头时间越小、则电流上升速率越快,其曲线也越陡,引起的感应雷电压幅度越大。应当注意,波头时间不是雷电流从零上升到峰值的时间。它是由波形图按照一定的规则做出来的,作图过程如下:在纵轴上经 0.11,0.91 和 1.01 三点,分别作平行于时间轴的直线与曲线相交于 A,B,M 三点。过 A,B 两点作直线,与时间轴相交于 E,与峰值切线相交于 F,EF 线即为规定的波头。EF 线在时间轴上对应的时间 T_1 即为波头时间。波头时间习惯上也称为波前时间或上升时间。

半值时间 T_2,是雷电流下降到其峰值一半时所对应的时间,但是时间起点不是从时间坐标的 0 点开始,而是与 T_1 相同,从 E 点开始。半值时间也称作波尾时间。半值时间反映了雷击电流下降速度的快慢,也反映了雷击能量的大小。相同的峰值电流,半值时间 T_2 越大,则所含能量越大,造成的破坏越严重。对电涌保护器来说,试验冲击电流的 T_2 越大,则考核条件越严酷。

由以上分析可知,对短时雷击电流脉冲来说,仅用电流幅值来表示是不够的,必须把 I,T_1, T_2 三个参量同时表示出来,一般记作 $I(T_1/T_2 \mu s)$。例如某雷击电流脉冲 $I = 100$ kA,$T_1 = 10 \mu s$,$T_2 = 350 \mu s$ 则记作 100 kA(10/350 μs)。

长时间雷击电流由电量 Q_L 和时间 T 两个参数表示,其定义如图 3-10 所示。Q_L 是长时间雷击脉冲的总电量;T 为从波头电流达峰值的 10% 起,至波后下降到峰值的 10% 时所包含的时间。长时间雷击的平均电流 $I \approx Q_L/T$。

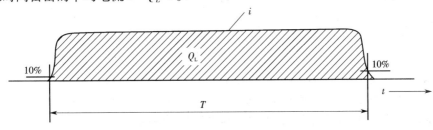

图 3-10　长时间雷击电流脉冲参数定义

②雷击电流脉冲参数的规定

根据标准 IEC1312—1,首次短时雷击、后续短时雷击和长时间雷击的雷电流参数,分别列于表 3-2 至表 3-4。它可以作为我们设计和选择直击雷防护装置的依据,也可以作为计算闪电感应电压电流的参考依据。

表 3-2　首次短时雷击的雷电流参数

雷电流参数(图 3-9)	建筑物类别		
	一类	二类	三类
I 幅值电流/kA	200	150	100
T_1 波头时间/μs	10	10	10
T_2 半值时间/μs	350	350	350
Q_s 电量[①]/C	100	75	50
W/R 单位能量[②]/MJ·Ω^{-1}	10	5.6	2.5

注:①因为全部电量 Q_s 的本质部分包括在首次雷击中,故所规定的值考虑合并了所有短时雷击的电量。

②由于单位能量 W/R 的本质部分包括在首次雷击中,故所规定的值考虑合并了所有短时雷击的单位能量。

表 3-3   后续短时雷击的雷电流参数

雷电流参数(图 3-9)	建筑物类别		
	一类	二类	三类
I 幅值电流/kA	50	37.5	25
T_1 波头时间/μs	0.25	0.25	0.25
T_2 半值时间/μs	100	100	100
I/T_1 平均陡度/ kA·μs^{-1}	200	150	100

表 3-4   长时间雷击的雷电流参数

雷电流参数(图 3-10)	建筑物类别		
	一类	二类	三类
Q_L 电量/C	200	150	100
T 时间/s	0.5	0.5	0.5

(3)闪电感应电压脉冲的波形与参数

由雷击电流产生的电磁脉冲,在电源线、信号线上感应产生的电压脉冲,其波形与雷击电流脉冲近似,如图 3-11 所示。此脉冲波形同样由三个参数决定:峰值电压 U、波头时间 T_1、半值时间 T_2。三个参数的定义如图 3-11 所示,与雷击电流脉冲参数定义基本相同。峰值电压也称幅值电压,波头时间也称波前时间,半值时间也称波尾时间。

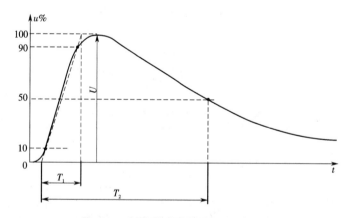

图 3-11   闪电感应电压脉冲参数定义

感应电压波形参数是二次雷击电流计算及雷击事故分析必要的依据,也是考核电子设备和 SPD 防雷击性能的重要指标。与架空通信线和电缆连接的 SPD 或电子设备,进行模拟雷击电压试验时,一般采用 4/300 μs 或 10/700 μs 冲击波。模拟电子设备遭受直击雷引起的反击电压试验,以及 SPD 的 I ~ Ⅱ 级分类冲击电压试验,均采用 1.2/50 μs 波形。

(4)操作过电压的波形参数

操作过电压是由于供电系统中负荷开关的拉闸、熔断器的熔断等产生的过电压。操作过电压也是电涌电压的一种,常常给系统设备工作带来影响甚至损坏,是电涌防护中应当考虑的因素之一。

操作过电压波形随电压等级、系统参数、设备性能、操作性质等因素而有很大变化。近年来趋向于用长波尾的非周期性冲击波来模拟操作过电压的作用。我国根据国际电工委员会推荐采取的操作过电压波形如图 3-12 所示。

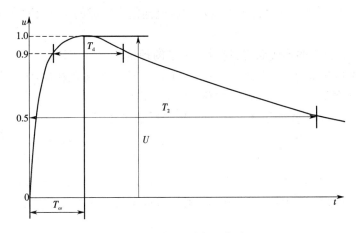

图 3-12 操作过电压全波

由操作过电压波形图标出的主要参数有 4 个,其中操作过电压峰值与电压等级、系统参数关系较大,根据具体条件确定,低压供电系统一般为数百伏至上千伏;波前时间是电压从零升到峰值时间,一般取 $T_{cr} = (250 \pm 50)\,\mu s$;半峰值时间较长,一般取 $T_2 = (2\,500 \pm 1\,500)\,\mu s$;持续时间是波峰在 90% U 以上部分所持续的时间,具体数值未做规定。

当用上述标准波形认为不适用或不能满足要求时,推荐采用 100/2 500 μs 或 500/2 500 μs 波形。

三、雷电的危害

当雷云对大地放电时,会产生巨大的破坏作用。其破坏作用是由以下四种基本形式引起的。

(1)直击雷 当雷云较低且其周围又没有异性电荷的云层时,会在地面上突出物(树木或建筑物)上感应出异性电荷。当电场强度达到一定值时,雷云就会通过这些物体与大地之间放电,这就是我们通常所说的雷击。这种直接击在建筑物或其他物体上的雷电叫直击雷。由于受直接雷击,被击的建筑物、电气设备或其他物体会产生很高的电位,从而引起过电压,流过的雷电流又很大(达几十千安甚至几百千安),这样极易使电气设备或建筑物受到损坏,并引起火灾或爆炸事故。当雷击于架空输电线时,也会产生很高的电压(可高达几千千伏),不仅常会引起线路闪络放电,造成线路发生短路故障,而且这种过电压还会以波的形式沿线路迅速向变电所、发电厂或其他建筑物内传播、使沿线安装的电气设备绝缘受到严重威胁,往往引起绝缘击穿、起火等严重后果。

(2)感应雷 当建筑上空有雷云时,在建筑物上便会感应出与雷云所带电荷相反的电荷。在雷云放电后,云与大地电场消失了,但聚集在屋顶上的电荷不能立即释放,只能较慢地向地中流散,这时屋顶对地面便有相当高的电位,往往造成屋内电线、金属管道和大型金属设备放电,引起建筑物内的易爆危险品爆炸或易燃物品燃烧。这主要是由于雷电流的强大电场和磁场变化产生的静电感应和电磁感应造成的。因为它是被雷云感应出来的,所以称为感应雷或感应过电压。

(3)雷电被侵入　当输电线路上遭受直接雷击或发生感应雷,闪电电涌便沿着输电线侵入变配电所或用户,如不采取防范措施,高电位闪电电涌将造成变配电所及用户电气设备损坏,甚至引起火灾、爆炸及人身伤害等事故。闪电电涌侵入造成的事故在雷害事故中占相当大的比重,应引起足够重视。

(4)球形雷　球形雷的形成研究,还没有完整的理论。通常认为它是一个温度极高,并发出紫色光或红色光的发光球体,直径约为 10～20 cm。球形雷通常在电闪后发生,以每秒 2 m的速度向前滚动或在空气中漂行,而且会发出口哨响声或嗡嗡声。

雷电的危害可以分成两种类型,一是雷直接击在建筑物或其他物体上发生的热效应和电动力作用;二是雷电的二次作用,即雷云产生的静电感应作用和雷电流产生的电磁感应等作用。

(1)热效应　强大的雷电流(几十至几百千安)流过雷击点,并在极短时间内转换成大量热能,雷击点的发热量约为 500～20 000 MJ,容易造成燃烧或金属熔化,熔化的金属飞溅又容易引起火灾爆炸等事故。

(2)机械力效应　雷电流的温度很高,一般在 6 000～20 000 ℃,甚至高达数万度,当它通过树木或建筑物墙壁时,被击物体内部水分受热急剧汽化,或缝隙中分解出的气体剧烈膨胀,因而在被击物体内部出现了强大的机械力,使树木或建筑物里受破坏,甚至爆裂成碎片。另外,强大的雷电流通过电气设备会产生巨大的电动力使电气设备受力损坏。

(3)雷电流的电磁效应　由于雷电流量值大且变化迅速,在它的周围空间里就会产生强大且变化剧烈的磁场,处于这个变化磁场中的导体就会感应出很高的电动势。这种感应电动势可使闭合的金属导体回路产生很大的感应电流,感应电流的热效应(尤其是金属导体接触不良部位的局部发热)可能会使设备损坏,甚至引起火灾。对于存放可燃物品,尤其是存放易燃易爆物品的建筑物将更危险。

第二节　防雷设施

为使建筑物及其内部设施免受雷电的直接和间接危害,需要采用防雷设备。合理地组合和设置这些防雷设备与器件,来构成建筑物及其内部设施的雷电防护系统,实现从建筑物外部和内部两个方面对雷害危害进行有效地抑制。

一、接闪杆与接闪线

作为防地面物体免受直接雷击的常用设备的接闪杆和接闪线,在防雷保护中已被长期普遍使用。接闪杆和接闪线均为金属体,安装在比被保护物体高的位置上,从工作原理来看,两者具有相同的保护功能,即吸引雷电。

1. 接闪杆

接闪杆系统属于结构最简单的防雷装置,它也是由接闪器、引下线和接地体组成的。其针状接闪器是直接承受雷电的部分,需高出被保护物体,当雷云的下行先导向地面上被保护物体发展时,处在高处的接闪杆(接闪器)率先将先导引向自身,使雷击发生在接闪器上,让强大的雷电流经引下线和接地体泄入大地,从而使被保护物体免遭直接雷击。由此可见,接闪杆的真正功能不是避雷,而是引雷,是让自身遭受雷击来换取其下面的物体得到保护。

接闪杆一般适用于保护那些比较低矮的地面建筑物以及保护高层楼房顶上突出的设施,它特别适合于保护那些要求防雷引下线与内部各种金属管道隔离的建筑物。

2. 接闪线

接闪线是由悬挂在空中的水平导线、接地引下线和接地体组成的。水平悬挂的导线用于直接承受雷击,起接闪器的作用。接闪线设置在被保护物体的上方,能提供与自身线长相等的保护长度,其工作原理与接闪杆类似。由于接闪线周围的电场畸变效果不如接闪杆,因此其引雷效果也不如接闪杆。接闪线广泛用于高压输电线路的上方,保护输电线路免受直接雷击。

二、接闪带与接闪网

当受建筑物造型或施工限制而不便直接使用接闪杆或接闪线时,可在建筑物上设置接闪带或接闪网来防直接雷击。接闪带和接闪网的工作原理与接闪杆和接闪线类似。在许多情况下,采用接闪带或接闪网来保护建筑物既可以收到良好的效果,又能降低工程投资,因此在现代建筑物的防雷设计中得到了十分广泛的应用。

1. 接闪带

接闪带是用圆钢或扁钢做成的长条带状体,常装设在建筑物易受直接雷击的部位,如屋脊、屋槽(有坡面屋顶)、屋顶边缘及女儿墙或平屋面上,如图3-13所示。接闪带应保持与大地

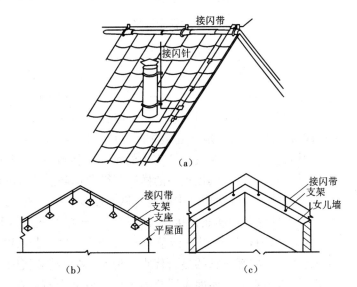

图3-13　接闪带的设置
(a)屋顶突出物加设接闪杆;(b)平屋面上设接闪带;(c)女儿墙上设接闪带

良好的电气连接,当雷云的下行先导向建筑物上的这些易受雷击部位时,接闪带率先接闪,承受直接雷击,将强大的雷电流引入大地,从而使建筑物得到保护。

2. 接闪网

接闪网实际上相当于纵横交错的接闪带叠加在一起,在建筑物上设置接闪网可以实施对

建筑物的全面防雷保护。接闪网的设置有明装和暗装两种形式。明装接闪网是在建筑物的屋顶上或屋顶屋面上以较疏的可见金属网格作为接闪器,沿其四周或沿外墙做引下线接地。由于明装接闪网不甚美观,在施工方面也会带来困难,同时还会增加额外的工程投资,因此现在已较少使用。相对于明装接闪网来说,暗装接闪网目前则使用得十分广泛。暗装接闪网一般为笼式结构,它是将金属网格、引下线和接地体等部分组合成一个立体的金属笼网,将整个建筑物罩住,如图 3-14 所示。这种笼式接闪网可以全方位地接闪、保护被其罩住的建筑物,它既可以防建筑物顶部遭受雷击,又可以防建筑物侧面遭受雷击。另外,笼式接闪网还可以看作是一个法拉第笼,它同时具有屏蔽和对地悬浮电压均衡暂态这两种功能。一方面,笼式接闪网能

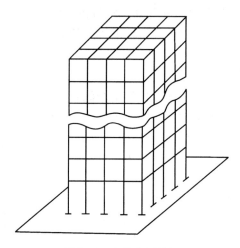

图 3-14　立体金属笼网

够对雷电流产生的暂态脉冲电磁场起屏蔽作用,使进入建筑物内部的电磁干扰受到削弱;另一方面,笼式接闪网也能够对雷击时产生的暂态电位升高起到电位均衡作用,将笼网各部位的暂态对地悬浮电位均衡到大致相等的水平。当然,笼式接闪网的这些防护雷电损害作用的效果与笼体的大小及其网格尺寸有关,笼体越小且其网格尺寸越小,则其防雷效果就越好。网格尺寸的大小取决于被保护建筑物的重要性,应按建筑物防雷设计规范来确定。

　　笼式接闪网通常是利用建筑物钢筋混凝土结构中的钢筋来构成的,即将建筑物屋面内原有的钢筋网格作为接闪器使用。将梁、柱、楼板中的横向和纵向钢筋按防雷设计规范要求进行电气上的相互连接,这样就将整个建筑物构件中的所有钢筋连接成一个统一的导电系统,构成一个大的立体法拉第笼,其中的纵向钢筋兼作接地体使用。由于暗装接闪网是以建筑物自身结构中现成的钢筋作为其组件构成的,所以它能节省投资,同时又能保持建筑物造型的完美性,还能够全方位的接闪受雷,这些都是它的显著优点。但是,采用暗装接闪网也存在着一个缺点,即在每次承受雷击后,雷击点处的屋面表层要被击出小洞并会有一些碎片脱落,使得这一小块的防水和保温层受到破坏。实际上,建筑物防水和保温隔离层中的钢筋距层面的厚度大于 20 cm 时,应另设辅助接闪网。另外,在建筑物顶部常有一些金属突出物,如金属旗杆、透气管、钢爬梯、金属天沟和金属烟囱等,这些金属突出物必须与接闪网焊接,以形成统一的接闪系统。对于建筑物顶部突出的非钢筋混凝土物体,可以另设接闪网或接闪杆加以保护。

三、接闪杆与接闪线的保护范围计算

1. 单支接闪杆的保护范围

（1）接闪杆高度 h 不大于滚球半径 d_s。

接闪杆保护范围的确定方法见图 3-15，其具体步骤如下：

①距离地面高 d_s 处作一条平行于地面的平行线。

②以接闪杆针尖为圆心，以 d_s 为半径画圆弧，该圆弧交平行线于 A,B 两点。

③分别以 A,B 两点为圆心，以 d_s 为半径画圆弧，这两条圆弧上与接闪杆针尖相交，下与地面相切，再将圆弧与地面所围面以接闪杆为轴旋转 180°，所得的圆弧曲面圆锥体即为接闪杆的保护范围，如图 3-16 所示。

④接闪杆在高度为 h_x 的平面 xx' 上的保护半径（图 3-15）可确定为

$$r_x = \sqrt{h(2d_s - h)} - \sqrt{h_x(2d_s - h_x)} \tag{3-7}$$

接闪杆在地面上的保护半径 r_0（图 3-16）可确定为

$$r_o = \sqrt{h(2d_s - h)} \tag{3-8}$$

以上两式中，各量的单位均为 m。

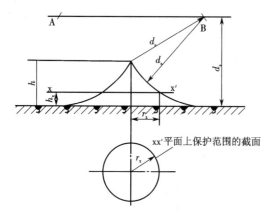

图 3-15　单支接闪杆的保护范围

xx'平面上保护范围的截面

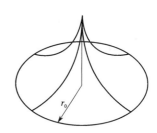

图 3-16　单支接闪杆的保护空间域

（2）接闪杆高度 h 大于滚球半径 d_s

在接闪杆上截取高度为 d_s 的一点代替接闪杆针尖为圆心，其余的作图步骤同 $h \leqslant d_s$ 的情况。据此可确定 $h > d_s$，情况下的保护范围。由作图步骤可知，当 $h > d_s$ 时，接闪杆的保护范围不再增大，并在其高出该球半径的部分，即 $h - d_s$ 部分，将会出现侧向暴露区，在接闪杆的该部分上将会遭到侧面雷击。

2. 单根接闪线的保护范围

当单根接闪线的高度 $h \geqslant d_s$ 时，接闪线没有保护范围；当单根接闪线的高度 $h < 2d_s$ 时，应分以下两种情况来确定接闪线的保护范围。

（1）$h \leqslant d_s$

如图 3-17 所示，在距离地面 d_s 处作一条地面的平行线，以接闪线位置为圆心，以 d_s 为半径画圆弧交平行线于 A,B 两点。再分别以 A,B 两点为圆心画两条圆弧，这两条圆弧与地面相切并与接闪线相交，它们与地面所围面即为保护范围的截面。在距离地面 h_x 高度处 xx' 平面

上的保护宽度 b_x,可由下式来计算

$$b_x = \sqrt{h(2d_s - h)} - \sqrt{h_x(2d_s - h_x)}$$ (3-9)

上式中各量的单位均为 m。

在接闪线两端的保护范围按单支接闪杆的方法加以确定间区域如图 3-18 所示。

(2)$d_s < h < 2d_s$

作图如图 3-19 所示,保护范围最高点的高度 h_0 按下式来计算

$$h_0 = 2d_s - h$$ (3-10)

其作图步骤与 $h \le d_s$ 时的作图步骤相同。由图可见,当 $h > 2d_s$ 后,接闪线的保护范围不仅不增大,反而会随 h 的增大而减小。处在接闪线下方且高度大于 h_0 的范围内将失去接闪线的保护,因为半径为 d_s 的滚球可以接触到这一范围内的空间点。

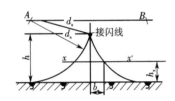

图 3-17 $h \le d_s$ 时接闪线的保护范围

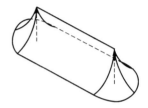

图 3-18 接闪线保护范围的空间区域

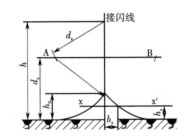

图 3-19 $d_s < h < 2d_s$ 时接闪线的保护范围

对于多支接闪杆和多根接闪线的保护范围,由于它们的作图步骤较繁,这里从略。

3. 建筑物顶部突出屋面上接闪杆长度的确定

建筑物顶部突出屋面的部分是易受直接雷击的部位,常需要装接闪杆加以保护,利用滚球法,可以确定所设接闪杆的长度,以下将分两种典型情况加以说明。

(1)建筑物顶部周边设有接闪带

如图 3-20 所示,该图为某建筑物顶部的剖面,其左右对称,A 为顶部周边屋檐处的接闪带(或可被利用做接闪器的金属物),B 为需要保护突出屋面上的最外一点。先分别以 A,B 为圆心,以选定的滚球半径 d_s 为半径画两条圆弧,它们相交于 C 点. 再以 C 点为圆心,以 d_s 为半径,画圆弧交对称轴线于 O 点,则在 O' 处设立一支接闪杆,其长度大于 $O'O$ 即可实现对突出屋面部分的保护。

(2)建筑物顶设有接闪网

如图 3-21 所示,该图与图 3-20 类似,但其顶部面积较大,低屋面设置了接闪网。先在接闪网上方作一条平行于接闪网的水平线,两者之间的距离为 d_s,以突出屋面上最外一点 B 为圆

心,画圆弧交水平线于 C 点。再以 C 为圆心,以 d_s 为半径,画圆弧交对称轴于 O 点,则在 O' 点设立一支接闪杆。当其长度大于 $O'O$ 时即可实现对突出屋面的保护。

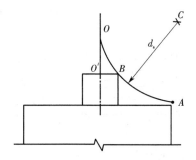

图 3-20　顶部设接闪带情况的接闪杆长度确定

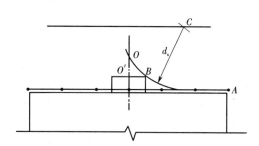

图 3-21　顶部设接闪网情况的接闪杆长度确定

四、避雷器

由雷击在输电线路上感应出的闪电侵入波过电压能够沿线路进入建筑物内,危及建筑物内的信息系统和电气设备。为了保证信息系统与电气设备的安全,需要在输电线路上装设过电压抑制设备,这类设备就是避雷器。

避雷器设置在与被保护设备对地并联的位置,如图 3-22 所示。各种避雷器均有一个共同的特性,即在高电压作用下呈现低阻状态,而在低电压作用下呈现出高阻状态。在发生雷击时,当闪电侵入波过电压沿线路传输到避雷器安装点后,由于这时作用于避雷器上的电压很高,避雷器将动作,并呈现低阻状态,从而限制过电压,同时将过电压引起的大电流泄放入地,使与之并联的设备免遭过电压的损坏。在闪电侵入波消失后,线路上又恢复了正常传输的工频电压,这一工频电压相对于闪电侵入波过电压来说是低的,于是避雷器将转变为高阻状态,接近于开路,此时避雷器的存在将不会对线路上正常工频电压的传输产生影响。

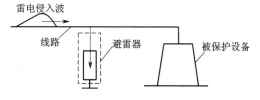

图 3-22　避雷器的设置

为使避雷器能够发挥出预计的保护效果,它必须满足两个基本性能要求。

第一个要求是避雷器应具有良好的伏秒特性,以易于实现与被保护设备的绝缘配合。图 3-23 说明避雷器与被保护设备之间伏秒特性的配合关系。在图 3-23(a)中,避雷器伏秒特性 2 上有一大部分($t \leqslant t_0$)高于被保护设备的伏秒特性 1,当沿线路侵入的过电压波具有较短的波头时间(波头时间 $\tau_f < t_0$ 时),在这种过电压作用下,被保护设备将首先被击穿,因而避雷器将起不到保护作用。在图 3-23(b)中,避雷器的整个伏秒特性 2 低于被保护设备的伏秒特性 1,在过电压作用下可以起到保护作用,但由于避雷器伏秒特性 2 过低,甚至低于被保护设备上可能出现的最高工频电压 3。这样即使是在没有闪电侵入波过电压作用时,避雷器也会在工频电压作用下发生误动作,因此它会妨碍被保护设备及其所在系统的正常运行,也是不可取的。

从伏秒特性的配合情况来看,只有图 3-23(c)才是比较合理的。为了实现理想的配合,不仅要求避雷器伏秒特性的位置要低,而且其整体形状要平坦,具有这种特性的避雷器才能发挥良好的保护作用。

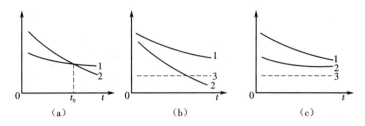

图 3-23　避雷器与被保护设备的伏秒特性配合
(a)不正确的配合;(b)不可取的配合;(c)合理的配合

　　对于避雷器的第二个要求是它应具有较强的绝缘自恢复能力,以利于快速切断工频续流,使被保护设备在闪电侵入波过电压结束后能尽快恢复正常工作。避雷器一旦在过电压作用下动作后,就转变为低阻状态,使被保护设备端接的线路对地接近于短路,经过短时间后,雷电浸入波过电压虽已消失,但原线路上的工频电压却仍作用于避雷器上,使避雷器开始导通工频短路电流。这时流过避雷器中的短路电流称为工频续流,它以电弧形式出现,只要这种工频续流不中断,则避雷器就仍处在低阻状态,被保护设备就无法正常工作,因此避雷器应具有自行切断工频续流和快速恢复到高阻状态的能力。

　　常用避雷器主要有四种类型,保护间隙如图 3-24 所示,管型避雷器如图 3-25,阀型避雷器如图 3-26 和氧化锌避雷器如图 3-27 所示。目前常用的是氧化锌避雷器,它具有以下优点:

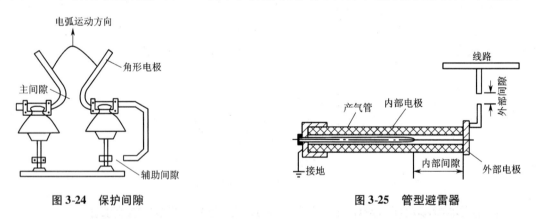

图 3-24　保护间隙　　　　　　　**图 3-25　管型避雷器**

　　(1)由于不串火花间隙,氧化锌避雷器结构简单,其体积可以缩小,而且能完全避免火花间隙放电受温度、湿度、气压和污秽等环境条件影响的缺点,所以其性能是稳定的。

　　(2)在氧化锌避雷器中省去了火花间隙,也就避开了火花间隙放电需要一定时延的弊端,从而大大改善了避雷器的动作限压响应特性,特别是改善了对波头陡度大的闪电侵入波过电压的抑制效果,提高了对设备保护的可靠性。

　　(3)氧化锌避雷器在闪电侵入波过电压消失后,实际上没有工频续流流过,这就使得它所泄放的能量大为减少,从而可以承受多次雷击,并可延长工作寿命。

　　(4)氧化锌避雷器通流容量较大,由于没有串联火花间隙,其允许吸收能量不像阀型避雷

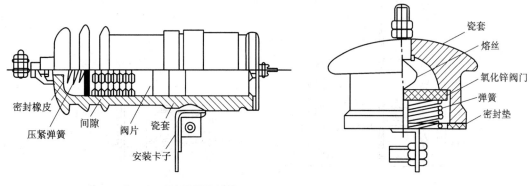

图 3-26 普通阀型避雷器的结构   图 3-27 低压氧化锌避雷器

器那样受间隙烧伤的制约,而仅与氧化锌电阻本身的强度有关。氧化锌阀片单位面积的通流能力可达碳化硅阀片的 4~5 倍,其残压约为碳化硅阀片的 1/3,且电流分布特性均匀,可以通过并联氧化锌阀片或整只氧化锌避雷器并联的方式来提高避雷器的通流容量。

(5)氧化锌避雷器的制造工艺简单,元件单一通用,造价低廉,适合于大批量生产。

五、信息系统的防雷保护器件

现代建筑物内配备着信息系统和各种电子设备,这些电子设备的过电压耐受能力是很有限的,当闪电侵入波从户外的电路线、信号线和各种金属管线进入建筑物后,很容易使室内的电子设备损坏,造成经济损失。近些年来,随着建筑智能化趋势的迅猛发展,建筑物内信息系统的防雷保护问题正广泛受到关注,并已成为整个建筑物防雷设计的一个重要组成部分。为了防止闪电侵入波过电压对信息系统造成危害,一般是在信息系统的不同传导和耦合途径(如电源线、信号线和各种金属管道的入口处)装设暂态过电压保护设备。这些保护设备对闪电侵入波过电压的抑制机理基本相同,但由于它们是用于保护电子设备的,所以要求它们在动作限压后的残压水平应比避雷器低,且动作响应速度要比避雷器快。基于这些要求,它们也常称为电涌保护器(或过电压保护器)。这些保护设备,即电涌保护器(或过电压保护器),一般由各种保护器件构成,其中主要的保护器件为气体放电管、压敏电阻、雪崩二极管和暂态抑制晶闸管等。

1. 气体放电管

气体放电管是一种用陶瓷或玻璃封装且内部充有惰性气体的短路型保护元件,管体内一般装有两个或三个(或更多个)相互隔开的电极。按电极个数来划分,常把含两个电极的气体放电管称为二极放电管,把含三个电极的气体放电管称为三极放电管。图 3-28 分别为二极放电管和三极放电管的示意,其中图 3-28(a)为二极放电管,图 3-28(b)为三极放电管,这两种管子的符号也示于图中。

图 3-29 给出了一平衡线路上采用三级放电管的保护电路,当闪电侵入波过电压以差模(出现在信号线 1 和 2 之间)形式或以共模(分别出现在信号线 1 对地和信号线 2 对地)形式侵入平衡线路终端电子设备时,三极放电管通过 A-G,B-G 极间放电即可对过电压进行抑制。气体放电管的优点:通流容量大,从几安到几千安;极间电容小,不会使正常传输信号畸变,特别适合于高频电子电路的保护;开断后的极间阻抗大,约为 10^9 Ω;在正常电压作用下管子中漏

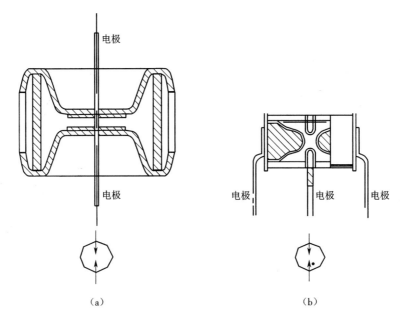

图 3-28　二极和三极放电管示意
(a)二极放电管；(b)三极放电管

电流很小。气体放电管的缺点：动作响应速度慢(动作响应时间约为10^{-6} s 级)；放电后开断较难，存在着续流问题；使用中存在着老化现象，工作寿命较短。

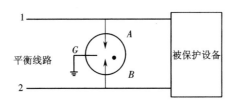

图 3-29　平衡线路的三极放电管保护电路

2. 压敏电阻

信息系统防雷保护中常用的压敏电阻是一种以氧化锌为主要成分的非线性电阻，在一定温度下，其导电性能随其两端电压的增大而急剧增强。压敏电阻器的原理结构、符号见图3-30。压敏电阻的材料和伏安特性与氧化锌避雷器的阀片相同，压敏电阻与氧化锌避雷器的工作原理也相同，只是前者的体积较小，二者保护应用的场合不同而已。压敏电阻的主要优点：通流容量大；动作响应速度快(响应时间的约为10^{-9} s 级)；在工频及直流电路中抑制过电压结束后无续流；产品价格低廉，产品电压和电流的可调范围大。但是压敏电阻有一个不容忽视的缺点，即它的寄生电容较大，在 1 MHz 下的典型值可达几千皮法，这就使得压敏电阻难以应用于高频和超高频电子电路的过电压保护。在信息系统中，压敏电阻通常应用于电子设备电源的初级和次级的保护，也有应用于频率不高的信号电路的保护的。

3. 雪崩二极管

在过电压保护中也有应用雪崩二极管的。雪崩二极管工作在反向击穿区时，管子的伏安

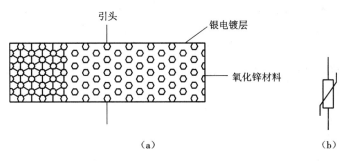

图 3-30 压敏电阻
（a）原理结构；（b）符号

特性和符号如图 3-31 所示,在图 3-31（a）中 u_B 为管子的反向击穿电压。当雪崩二极管承受反偏电压且在 $0 \sim u_B$ 范围时,管子呈现出高阻状态,流经管子的电流很小（为 μA 级）。当反偏电压超过 u_B 后,管子中的电流迅速增大,转变为低阻导通状态,从而可使过电压被箝位在 u_B 附近。如果将两只管子按图 3-32 所示的方式串联或并联起来,则可用它们来抑制正、负两种极性的暂态过电压。对于这样连接的两只管子来说,无论是在正极性还是负极性过电压作用下,总是一只处于正偏置,另一只处于反向击穿限压状态。雪崩二极管的主要优点:箝位电压低;动作响应速度快（响应时间的理论值可达皮秒级）;使用中不存在明显的老化现象;承受多次冲击的能力强;器件产品电压的可选范围大。其主要缺点:通流容量小;管子极间寄生电容随管子上的作用电压变化而变化,电压低时寄生电容较大。由于雪崩二极管具有响应速度快和箝位电压低等优点,它非常适合于半导体器件和电子电路的过电压保护。

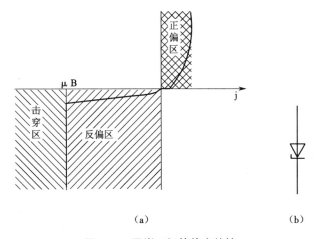

图 3-31 雪崩二极管伏安特性
（a）雪崩二极管伏安特性;（b）符号

4. 暂态抑制晶闸管

暂态抑制晶闸管是一种门极由雪崩二极管控制的可控硅型复合器件,其简化电路如图 3-33所示。当沿线路袭来的暂态过电压使雪崩二极管反向击穿时,足够大的电流将从雪崩二极管注入晶闸管的门极,处罚晶闸管迅速导通,流过大电流,实施对信号线路上暂态过电压的急剧短路,从而使过电压得到有效抑制。暂态抑制晶闸管的主要优点:动作响应速度快（响应时间的理论值为10^{-12} s);泄漏电流小,一般不超过 50 mA;使用中老化现象不明显,极间电容小,一般不大于 50 pF。其主要缺点:在直流电路中关断较为困难,关断存在着时延;产品电压可选范围小。

暂态抑制晶间管可用于数据传输和通信系统中的初、次级保护。但在直流电路和交流电源系统中,由于关断困难、通流容量有限,使用受到了限制。

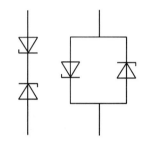

图 3-32　雪崩二极管的串、并联

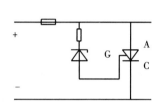

图 3-33　暂态抑制晶闸管

第三节　建筑物防雷

一、建筑物的防雷分类

从防雷要求出发,根据建筑物的重要性、使用性质、遭受雷击的可能性和雷击所造成后果的严重性等,可以把建筑物分为三类。在建筑物防雷设计中,需要针对不同防雷类别的建筑物采用不同的雷电参数并按照不同的接闪器布置要求进行设计,以合理地选择建筑物的防雷保护措施。

1. 第一类防雷建筑物

当建筑物处于下列情况之一时,应划分为第一类防雷建筑物。

(1)凡制造、使用或贮存火炸药及其制品的危险建筑物,因电火花而引起爆炸、爆轰,会造成巨大破坏和人身伤亡者。

(2)具有 0 区或 20 区爆炸危险场所的建筑物。这里所说的 0 区爆炸环境是指连续出现或长期出现或频繁出现爆炸性气体混合物的场所。所谓 20 区是指以空气中可燃性粉尘云持续地、长期地或频繁地短时存在于爆炸性环境中的场所。

(3)具有 1 区或 21 区爆炸危险场所的建筑物,因电火花而引起爆炸,会造成巨大破坏和人身伤亡者。这里所说的 1 区爆炸危险环境是指在正常运行时可能偶然出现爆炸性气体混合物的场所。21 区爆炸危险环境是指正常运行时,很可能偶然地以空气中可燃性粉尘云形式存在于爆炸性环境中的场所。1 区、21 区的建筑物可能划为第一类防雷建筑物,也可划分为下面将要介绍的第二类防雷建筑物,其区分于是否造成巨大破坏和人身伤亡。例如,易燃液体泵房,当布置在地面上时,其爆炸危险场所一般为 2 区,则该泵房可划分为第二类防雷建筑物。

但当工艺要求布置在地下或半地下时,在易燃液体的蒸气与空气混合物的密度大于空气,又无可靠的机械通风设施的情况下,爆炸性混合物就不易扩散,该泵房就要划分为 1 区危险场所。如该泵房系大型石油化工联合企业的原油泵房,当泵房遭受雷击就可能会使工厂停产,造成巨大经济损失和人员伤亡,那么这类泵房应划为第一类防雷建筑物;如该泵房系石油库的卸油泵房,平时间断操作,虽可能因雷电火花引发爆炸造成经济损失和人身伤亡,但相对而言其概率要小得多,则这类泵房可划分为第二类防雷建筑物。

2. 第二类防雷建筑物

当建筑物处于下列情况之一时,应划分为第二类防雷建筑物。

(1)国家级重点文物保护的建筑物。

(2)国家级的会堂、办公建筑物、大型展览和博览建筑物、大型火车站和飞机场、国宾馆、国家级档案馆、大城市的重要给水泵房等特别重要的建筑物。

注:飞机场不含停放飞机的露天场所和跑道。

(3)国家级计算中心、国际通信枢纽等对国民经济有重要意义的建筑物。

(4)国家特级和甲级大型体育馆。

(5)制造、使用或贮存火炸药及其制品的危险建筑物,且电火花不易引起爆炸或不致造成巨大破坏和人身伤亡者。

(6)具有 1 区或 21 区爆炸危险环境的建筑物,且电火花不易引起爆炸或不致造成巨大破坏和人身伤亡者。

(7)具有 2 区或 22 区爆炸危险环境的建筑物。这里所说的 2 区指的是在正常运行时不可能出现爆炸性气体混合物的场所,或即使出现也仅是短时存在的爆炸性气体混合物的场所。22 区是指正常运行时,不太可能以空气中可燃性粉尘云形式存在于爆炸性环境中的场所。

(8)有爆炸危险的露天钢质封闭气罐。

(9)预计年雷击次数(按 3-3 式)大于 0.05 次/a 的省、部级办公建筑物以及其他重要或人员密集的公共建筑物。

(10)预计年雷击次数大 0.25 次/a 的住宅和办公楼等一般性民用建筑物。

3. 第三类防雷建筑物

当建筑物处于下列情况之一时,应划分为第三类防雷建筑物。

(1)省级重点文物保护的建筑物及省级档案馆。

(2)预计年雷击次数大于或等于 0.01 次/a 且小于或等于 0.05 次/a 的省、部级办公建筑物及其他重要和人员密集的公共建筑物。

(3)预计年雷击次数大于或等于 0.05 次/a 且小于或等于 0.25 次/a 的住宅、办公楼等一般性民用建筑物或一般性工业建筑物。

(4)在年平均雷电日大于 15 d/a 的地区,高度在 15 m 以上的烟囱和水塔等孤立的高耸建筑物;在年平均雷电日小于或等于 15 d/a 的地区,高度在 20 m 及以上的烟囱和水塔等孤立的高耸建筑物。

二、建筑物防雷击的主要保护措施

1. 第一类防雷建筑物的主要保护措施

(1)防直击雷的措施

①应装设独立接闪杆或者架空接闪线或网,使被保护的建筑物的风帽、放散管等突出屋面

的物体均处于接闪器的保护范围内。架空接闪网的网格尺寸不应大于 5 m × 5 m 或 6 m × 4 m。

②独立接闪杆的杆塔、架空接闪线的端部和架空接闪网的每根支柱处应至少设一根引下线。对用金属制成或有焊接、绑扎连接钢筋网的杆塔、支柱,宜利用金属杆塔或钢筋网作为引下线。

③独立接闪杆和架空接闪线或网的支柱及其接地装置与被保护建筑物及与其有联系的管道、电缆等金属物之间的距离不得小于 3 m。

④架空接闪线至屋面和各种突出屋面的风帽、放散管等物体之间的距离不应小于 3 m。

⑤独立接闪杆、架空接闪线或者架空接闪网应设独立的接地装置,每一引下线的冲击接地电阻不宜大于 10 Ω。在土壤电阻率高的地方,可适当增大冲击接地电阻,但在 3 000 Ω 以下的地区,冲击接地电阻不应大于 30 Ω。

⑥排放爆炸危险气体、蒸气或粉尘的放散管、呼吸阀、排风管等,当其排放物达不到爆炸浓度、长期点火燃烧、一排放就点火燃烧,以及发生事故时排放物才达到爆炸浓度的通风管、安全阀,接闪器的保护范围可仅保护到管帽,无管帽时可仅保护到管口。

(2)防闪电感应的措施

①建筑物内的设备、管道、构架、电缆的金属外皮、钢屋架、钢窗等较大金属物和突出屋面的放散管、风管等金属物,均应接到防闪电感应的接地装置上。

金属屋面周边每 18 ~ 24 m 以内应采用引下线接地一次。

现场浇灌或用预制构件组成的钢筋混凝土屋面,其钢筋网的交叉点应绑扎或焊接,并应每隔 18 ~ 24 m 采用引下线接地一次。

②平行敷设的管道、构架和电缆的金属外皮等长金属物,其净距小于 100 mm 时应采用金属线跨接,跨接点的间距不应大于 30 m;交叉净距小于 100 mm 时,其交叉处应跨接。

当长金属物的弯头、阀门、法兰盘等连接处的过渡电阻大于 0.03 Ω 时,连接处应用金属线跨接。对有不少于 5 根螺栓连接的法兰盘,在非腐蚀环境下,可不跨接。

③防闪电感应的接地装置应和电气设备的接地装置共用,其工频接地电阻不应大于 10 Ω。屋内接地干线与防雷电感应接地装置的连接不应少于两处。

(3)防止闪电电涌侵入的措施

①室外低压配电线路应全线采用电缆直接埋地敷设,在入户处应将电缆的金属外皮、钢管接到等电位连接带或防闪电感应的接地装置上。当全线采用电缆有困难时,应采用钢筋混凝土杆和铁横担的架空线,并应使用一段金属铠装电缆或护套电缆穿钢管直接埋地引入。架空线与建筑物的距离不应小于 15 m。在电缆与架空线连接处,尚应装设户外型电涌保护器。电涌保护器、电缆金属外皮、钢管和绝缘子铁脚、金具等应连在一起接地,其冲击接地电阻不宜大于 30 Ω。所装设的电涌保护器应选用 I 级试验产品,其电压保护水平应小于或等于 2.5 kV,其每一保护模式应选冲击电流等于或大于 10 kA;若无户外型电涌保护器,应选用户内型电涌保护器,其使用温度应满足安装处的环境温度,并应安装在防护等级 IP54 的箱内。电子系统的室外金属导体线路,宜全线采用有屏蔽层的电缆埋地或架空敷设,其两端的屏蔽层、加强钢线、钢管等应等电位连接到入户处的终端箱体上。当通信线路采用钢筋混凝土杆的架空线时,应使用一段护套电缆穿钢管直接埋地引入,其埋地长度不应小于 15 m。在电缆与架空线连接处,尚应装设户外型电涌保护器。电涌保护器、电缆金属外皮、钢管和绝缘子铁脚、金具等应连在一起接地,其冲击接地电阻不宜大于 30 Ω。所装设的电涌保护器应选用 D1 类高能量试验

的产品,每台电涌保护器的短路电流应等于或大于 2 kA;若无户外型电涌保护器,可选用户内型电涌保护器,但其使用温度应满足安装处的环境温度,并应安装在防护等级 IP54 的箱内。

②架空金属管道在进出建筑物处,应与防闪电感应的接地装置相连。距离建筑物 100 m 内的管道,应每隔 25 m 左右接地一次,冲击接地电阻不宜大于 30 Ω。并应利用金属支架或钢筋混凝土支架的焊接、绑扎钢筋网作为引下线,其钢筋混凝土基础宜作为接地装置。埋地或者地沟内的金属管道,在进出建筑物处应等电位连接到等电位连接带或防闪电感应的接地装置上。

(4)当建筑物高于 30 m 时,应采取防侧击的措施

①应从 30 m 起每隔不大于 6 m 沿建筑物四周设水平接闪带并应与引下线相连;

②30 m 及以上外墙上的栏杆、门窗等较大的金属物应与防雷装置连接;

③在电源引入的总配电箱处装设过电压保护器。

2. 第二类防雷建筑物的主要保护措施

(1)防直击雷的措施

①建筑物上的接闪杆或者接闪网混合组成接闪器。接闪网的网格尺寸不应大于 10 m × 10 m 或 12 m×8 m。

②专设引下线不应少于 2 根,并沿建筑物四周和内庭院四周均匀对称布置,其间距沿周长计算不宜大于 18 m。当建筑物的跨度较大,无法在跨距中间设引下线,应在跨距两端设引下线并减小其他引下线的间距,专设引下线的平均间距不应大于 18 m。

③每一引下线的冲击接地电阻不宜大于 10 Ω。防直击雷接地可与防闪电感应电气设备等接地共用同一接地装置,也可与埋地金属管道相连。当不共用、不相连时,两者之间的距离不得小于 2 m。在共用接地装置与埋地金属管道相连情况下,接地装置应围绕建筑物敷设成环形接地体。

④敷设在混凝土中作为防雷装置的钢筋或者圆钢,当仅为一根时,其直径不应小于 10 mm。被利用作为防雷装置的混凝土构件内有箍筋相连的钢筋时,其截面积总和不应小于一根直径为 10 mm 钢筋的截面积。构件内有箍筋连接的钢筋或成网状的钢筋,其箍筋与钢筋、钢筋与钢筋应采用土建施工的绑扎法、螺丝、对焊或搭焊连接。单根钢筋、圆钢或外引预埋连接板、线与构件内钢筋的连接应焊接或采用螺栓紧固的卡夹器连接。构件之间必须连接成电气通路。

(2)防闪电感应的措施

①建筑物内的设备、管道、构架等金属物就近接到防直击雷接地装置或电气设备的保护接地装置上,可不另设接地装置。

②防闪电感应的接地干线与接地装置的连接不应少于两处。

③平行敷设的管道、构架、电缆的金属外皮等长金属物,与第一类防雷建筑物的防雷措施相同。

(3)防止闪电电涌侵入的措施

防止雷电流流经引下线和接地装置时产生的高电位对附近金属物或电气和电子系统线路的反击,应符合下列要求:

①在金属框架的建筑物中,或在钢筋连接在一起、电气贯通的钢筋混凝土框架的建筑物中,金属物或线路与引下线之间的间隔距离可无要求。

②当金属物或线路与引下线之间有自然或人工接地的钢筋混凝土构件、金属板、金属网等静电屏蔽物隔开时,金属物或线路与引下线之间的间隔距离可无要求。

③当金属物或线路与引下线之间有混凝土墙、砖墙隔开时,其击穿强度应为空气击穿强度的 1/2。

④在电气接地装置与防雷接地装置共用或相连的情况下,在低压电源线路引入的总配电箱、配电柜处装设 I 级试验的电涌保护器。电涌保护器的电压保护水平值小于或等于 2.5 kV。每一保护模式的冲击电流值,当无法确定时取等于或大于 12.5 kA。

⑤当 Yyn0 型或 Dyn11 形接线的配电变压器设在本建筑物内或附设于外墙处时,应在变压器高压侧装设避雷器;在低压侧的配电屏上,当有线路引出本建筑物至其他有独自敷设接地装置的配电装置时,应在母线上装设 I 级试验的电涌保护器,电涌保护器每一保护模式的冲击电流值,当无法确定时冲击电流应取等于或大于 12.5 kA;当无线路引出本建筑物时,在母线上装设 II 级试验的电涌保护器,电涌保护器每一保护模式的标称放电电流值等于或大于 5 kA。电涌保护器的电压保护水平值小于或等于 2.5 kV。

⑥低压电源线路引入的总配电箱、配电柜处装设 I 级实验的电涌保护器,以及配电变压器设在本建筑物内或附设于外墙处,并在低压侧配电屏的母线上装设 I 级实验的电涌保护器。

⑦在电子系统的室外线路采用金属线时,其引入的终端箱处应安装 D1 类高能量试验类型的电涌保护器。

⑧在电子系统的室外线路采用光缆时,其引入的终端箱处的电气线路侧,当无金属线路引出本建筑物至其他有自己接地装置的设备时,可安装 B2 类慢上升率试验类型的电涌保护器,其短路电流宜选用 75 A。

(4) 当建筑物高于 45 m 时,应采取防侧击和等电位连接的保护措施

①沿屋顶周边敷设接闪带,接闪带可设在外墙外表面或屋檐边垂直面上,也可设在外墙外表面或屋檐边垂直面外。接闪器之间应互相连接。

②对水平突出外墙的物体,当滚球半径 45 m 球体从屋顶周边接闪带外向地面垂直下降接触到突出外墙的物体时,应采取相应的防雷措施。

③高于 60 m 的建筑物,其上部占高度 20%,并超过 60 m 的部位应防侧击,防侧击应符合下列规定:在建筑物上部占高度 20%,并超过 60 m 的部位,各表面上的尖物、墙角、边缘、设备以及显著突出的物体,应按屋顶的保护措施考虑。在建筑物上部占高度 20% 并超过 60 m 的部位,布置接闪器应符合对本类防雷建筑物的要求,接闪器应重点布置在墙角、边缘和显著突出的物体上。外部金属物,可利用其作为接闪器,还可利用布置在建筑物垂直边缘处的外部引下线作为接闪器。钢筋混凝土内钢筋和建筑物金属框架,当作为引下线或与引下线连接时,均可利用其作为接闪器。

④外墙内、外竖直敷设的金属管道及金属物的顶端和底端,应与防雷装置等电位连接。

3. 第三类防雷建筑物的主要保护措施

(1) 防直击雷的措施

①建筑物上的接闪杆或者接闪网(带)混合组成接闪器。接闪网的网格尺寸不应大于 20 m × 20 m 或者 24 m × 16 m。

② 专设引下线不应少于 2 根,并应沿建筑物四周和内庭院四周均匀对称布置,其间距沿周长计算不宜大于 25 m。当建筑物的跨度较大,无法在跨距中间设引下线时,应在跨距两端设引下线并减小其他引下线的间距,专设引下线的平均间距不应大于 25 m。

③每一引下线的冲击接地电阻不宜大于 30 Ω,公共建筑物不大于 10 Ω,其接地装置与电气设备等接地共用,也可与埋地金属管道相连。当不共用不相连时,两者之间的距离不得大于

2 m。在共用接地装置与埋地金属管道相连的情况下,接地装置应围绕建筑物敷设成环形接地体。

④防雷装置的接地应与电气和电子系统等接地共用接地装置,并应与引入的金属管线做等电位连接。外部防雷装置的专设接地装置宜围绕建筑物敷设成环形接地体。建筑物宜利用钢筋混凝土屋面、梁、柱、基础内的钢筋作为引下线和接地装置,当其女儿墙以内的屋顶钢筋网以上的防水和混凝土层允许不保护时,宜利用屋顶钢筋网作为接闪器,以及当建筑物为多层建筑,其女儿墙压顶板内或檐口内有钢筋且周围除保安人员巡逻外通常无人停留时,宜利用女儿墙压顶板内或檐口内的钢筋作为接闪器。

(2)防止闪电电涌侵入的措施

①低压电源线路引入的总配电箱、配电柜处装设Ⅰ级实验的电涌保护器,以及配电变压器设在本建筑物内或附设于外墙处,并在低压侧配电屏的母线上装设Ⅰ级实验的电涌保护器。

②在电子系统的室外线路采用金属线时,在其引入的终端箱处应安装 D1 类高能量试验类型的电涌保护器。

③在电子系统的室外线路采用光缆时,其引入的终端箱处的电气线路侧,当无金属线路引出本建筑物至其他有自己接地装置的设备时,可安装 B2 类慢上升率试验类型的电涌保护器,其短路电流宜选用 50 A。

(3)当建筑物高于 60 m 时,60 m 及以上外墙上的栏杆、门窗等较大的金属物与防雷装置相连。

①当建筑物高度超过 60 m 时,首先应沿屋顶周边敷设接闪带,接闪带应设在外墙外表面或屋檐边垂直面上,也可设在外墙外表面或屋檐边垂直面外。接闪器之间应互相连接。

②对水平突出外墙的物体,当滚球半径 60 m 球体从屋顶周边接闪带外向地面垂直下降接触到突出外墙的物体时,应采取相应的防雷措施。

③高于 60 m 的建筑物,其上部占高度 20%,并超过 60 m 的部位应防侧击,防侧击应符合下列要求:在建筑物上部占高度 20%,并超过 60 m 的部位,各表面上的尖物、墙角、边缘、设备以及显著突出的物体,应按屋顶的保护措施考虑。在建筑物上部占高度 20%,并超过 60 m 的部位,布置接闪器应符合对本类防雷建筑物的要求,接闪器应重点布置在墙角、边缘和显著突出的物体上。外部金属物可利用其作为接闪器,还可利用布置在建筑物垂直边缘处的外部引下线作为接闪器。钢筋混凝土内钢筋和的建筑物金属框架当其作为引下线或与引下线连接时均可利用作为接闪器。

④外墙内、外竖直敷设的金属管道及金属物的顶端和底端,应与防雷装置等电位连接。

第四节　室内信息系统的雷电防护

从实际雷害来看,雷直接击中信息网络的可能性不大,危害信息系统安全可靠运行的主要原因是雷击电磁效应。当雷击建筑物、建筑物附近地面、交流输电线路以及天空雷云间放电时,所产生的暂态高电位和电磁脉冲能够以传导、耦合感应和辐射等方式沿多种途径侵入室内信息系统。就具体情况而言,雷电侵害信息系统的主要途径有以下几种:

(1)雷直接击中信息系统所在建筑物防雷装置,引起防雷装置各部位(引下线及接地体)暂态电位的急剧升高,导致对电子设备的反击;

(2)闪电感应在输电线路上产生过电压,并沿电源线侵入信息系统;

(3)闪电感应在信号线路上产生过电压,并沿信号线路侵入信息系统;

(4)雷击时出现的电磁脉冲从空间直接辐射至电子设备。

即使在相距 3 km 外发生对地雷击,在一般的通信线上也可能产生出高于 1 kV 的感应过电压。埋设在地下的电缆也同样会出现闪电感应过电压,例如当入地雷电流为 5 kA 时,在入地点附近 5~10 m 处的无屏蔽电缆上,一般可以感应出 5~7.5 kV 的高电压。用光缆作信息系统的传输线时,光缆中心或外层的金属加强筋(网)上也难以避免出现闪电感应过电压。按简单的安培环路定律来估算(考虑位移电流的影响),在距离无屏蔽计算机 800 m 处落一个100 kA 的雷时,该计算机会发生误动;在距离该计算机 83 m 处落同样的雷时,它就会被损坏。实际上,在信息系统或电子设备中,由于所使用的元器件集成度愈来愈高,信息存贮量愈来愈大,运算和处理的速度愈来愈快,而工作电压仅有几伏,信号电流也仅为微安级,因此对外界干扰极为敏感,对雷击电磁脉冲和暂态过电压的耐受性是十分脆弱的。一般地说,当雷电流产生的电磁脉冲或暂态过电压达到某一临界值时,轻则引起信息系统工作失灵(误动、信息丢失、工作特性变坏和运行不稳定等),重则造成整个系统或其元件的毁坏。

一、防雷区

根据雷击电磁环境的特性,可以将建筑物需要保护的空间由表及里地划分为不同的防雷区,在各个序号防雷区的交界面上,电磁环境有明显的改变。通常,防雷区的序号越大,其中的脉冲电磁场强度也就越小。

1. LPZO$_A$ 区

本区内的各物体都可能受到直接雷击或导走全部雷电流,以及本区内的电雷击电磁场强度没有受到衰减。

2. LPZO$_B$ 区

本区内的各物体不可能遭到大于所选滚球半径所对应的雷电流直接雷击,以及本区内的雷击电磁场强度也没有受到衰减。

3. LPZ1 区

本区内的各物体不可能遭受直接雷击流经各导体的雷电流比 LPZO$_B$ 区更小;本区内的电磁场强度可能衰减,这将取决于屏蔽措施。

4. LPZ$_{n+1}$(n=1,2,…)后续防雷区

当需要进一步减小流入的雷电流和电磁场强度时,应增设后续防雷区,并按照需要保护对象所要求的环境区来选择后续防雷区的要求条件。

将一个建筑物需要保护空间划分为不同防雷区的一般原则如图 3-34 所示。此外,图 3-35 还针对一座建筑物,给出了其防雷区划分的具体示例。划分防雷区的实际意义主要在于:

(1)可以估算出各 LPZ 区内雷击电磁脉冲的强度,以确认是否需要采取进一步的屏蔽措施;

(2)可以确定等电位连接的位置(一般在各防雷区交界面上);

(3)可以确定不同防雷区界面上选用电涌保护器(过电压保护器)的具体指标;

(4)可以选定敏感电子设备的安全放置位置。

二、屏蔽

从建筑物室内信息系统防雷击电磁脉冲的需要来看,屏蔽措施主要是指采用屏蔽电缆、利

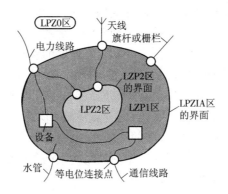

图 3-34　防雷区划分一般原则

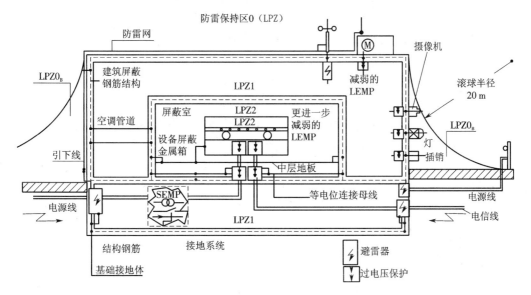

图 3-35　防雷区划分的具体示例

用各种人工的屏蔽箱盒、法拉第笼和各种可以利用的自然屏蔽体来阻挡或衰减侵入建筑物信息系统中的雷击电磁脉冲能量,保护信息系统中的电子设备,使其免受雷击电磁脉冲的干扰和损害。由于微电子设备抗雷电电磁干扰的脆弱性,屏蔽措施目前已成为信息系统防雷击电磁脉冲干扰和侵害的重要手段之一,并已得到了广泛的应用。

　　根据电磁场理论,屏蔽是利用屏蔽体来阻挡和减小电磁能量传输的一种技术。屏蔽的目的有两个:一是防止外来的电磁能量进入某一区域,避免这里的敏感电子设备受到干扰;二是限制内部辐射的电磁能量漏出该内部区域,避免电磁干扰影响周围环境。前者称为被动屏蔽,后者称为主动屏蔽,用于建筑物室内信息系统雷击电磁脉冲防护的屏蔽措施一般用于前者。屏蔽作用是通过一个将上述区域封闭起来的壳体,即是用屏蔽体来实现的,这种壳体可做成板式、网状式以及金属编织带式等,其材料可以是导电的、导磁的和介质的,也可以是带有金属吸收填料的。

1. 建筑物自然屏蔽

建筑物(特别是现代高层建筑物)的建筑结构中含有许多金属构件,如金属屋面、金属网格、混凝土钢筋、金属门窗和护栏等,在建造建筑物时,将这些自然金属构件在电气上连接在一起,就可以对建筑物构成一个立体屏蔽网。这种自然屏蔽网虽然是格栅稀疏的,但毕竟能对外部侵入的雷击电磁脉冲形成初级屏蔽,使之受到一定程度的衰减,从而有助于减缓对内部信息系统屏蔽要求的压力。在各种钢筋混凝土结构的建筑物中,由于它们的梁、柱、楼板及墙内都有相当数量的纵横钢筋,墙板及楼板中还有钢筋网(网格一般小于 $0.3 \text{ m} \times 0.3 \text{ m}$)。将全楼的梁、柱、楼板及墙板内的全部钢筋连接成一个电气整体,即形成了暗装笼式接闪网。依靠这种笼式接闪网可以对雷击电磁脉冲发挥有限的屏蔽作用,其屏蔽效能在很大程度上取决于钢筋网格的尺寸。另外,将建筑物中的布线井四壁内的结构钢筋每隔一定距离做一圈电气连接,也可起到对布置在井中的线路的初级屏蔽作用。

2. 电源线和信号线的屏蔽

从防雷角度来看,在建筑物内的所有低压电源线和信号线都应采用有金属屏蔽层的电缆,没有屏蔽的导线应穿过钢管,即用钢管屏蔽起来。在分开的建筑物之间的无屏蔽线路应敷设在金属管道内。当采用常见的以金属丝编织层为屏蔽层的电缆时,要注意在布线上避免出现较严重的弯曲,因为金属丝编织层的实际覆盖率是随电缆的弯曲程度不同而不同的。当电缆弯曲时,靠近内半径一侧的金属丝覆盖率很大,而靠近外半径一侧的金属丝覆盖率则显著减小,这样在弯曲部位外侧由于覆盖较为稀疏而会让一部分电磁场透过电缆屏蔽层,使得电线的屏蔽效能下降。通常,电线屏蔽层阻挡电磁脉冲的能力除了与屏蔽层的材料和网眼大小等有关外,还与屏蔽层的接地方式密切相关。就防护感应过电压而言,要求电源线或信号线连续或至少在其首、末两端进行良好接地,即屏蔽层宜采取多点接地。但是多点接地将不利于对低频电磁干扰的抑制。当屏蔽层做多点接地后,各接地点之间出现由屏蔽层与地构成的电气回路,空间低频电磁干扰在这些回路中感应出低频电流,这种低频电流在电缆屏蔽层中流过时所产生的电磁场可能会有一部分透过屏蔽层,在电缆内部的芯-皮回路中再次感应出低频干扰。为消除这种低频干扰,就需要消除由屏蔽层与地之间构成的电气回路,这就要求电缆的屏蔽层只能做单点接地。然而在采用单点接地方式后,由雷击引起的地电位抬高将可能使得在不接地的一端电位升高并发生危险的反击,这从防雷上将显然又是不安全的。因此,出于防雷可靠性的考虑,当低频电磁干扰不严重时,在需要保护的空间内,屏蔽电缆应至少在其两端以及在其所穿过的防雷区界面处作接地;当低频电磁干扰严重时,可以将屏蔽电缆穿入金属管内或双层屏蔽电缆的内屏蔽层可不接地或只做一端接地,这样既可保证安全,又能兼顾抗低频电磁干扰的要求。

在一些信号传输网络中,可以在两个单元电路之间插入一个光耦合器来阻断由这两个电路接地端所形成的回路。在电磁脉冲干扰特别强的地方,可采用防雷屏蔽电缆(图 3-36)或光纤。

3. 设备屏蔽

凡含有对电磁脉冲干扰敏感的微电子设备和仪器,特别是那些高精尖的信息处理设备,都应采用连续的金属层加以闭封起来,进入仪器及设备的电源线和信号线以及它们之间的传输线均应采用屏蔽电缆或穿金属管进行屏蔽。在信号线或传输线电缆的两端应保持其屏蔽体(如金属外壳)具有良好的电气接触,电源线的屏蔽层也应如此,以便能构成一个完整的屏蔽体系。对于那些起关键性作用的仪器或设备群应考虑放在屏蔽室里。对于重要的计算机系统,也应加强其屏蔽措施,可根据实际需要采用单个设备屏蔽和整个机房屏蔽等方式。

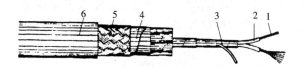

图 3-36　防雷屏蔽电缆

1—铜导体(细线);2—PE 绝缘层;3—含附加接地线屏蔽层;

4—塑料带裹层;5—铜线编制层;6—PVC 外套

三、均压

在防止建筑物内电子设备遭受雷电暂态高电位反击方面,均压措施起着十分重要的作用。将建筑物内不同的电缆外屏蔽层、设备外壳、金属构件和进出建筑物的金属管道通过电气搭接连接在一起,形成一个电气上的连续整体,能够有效地避免在不同金属物之间出现过高的暂态电位差,从而可以防止反击的发生,以维护设备的安全运行。当然,作为建筑物内信息系统防雷措施之一,均压措施还需要与屏蔽、接地和箝位保护措施配合使用,才能收到好的雷电防护效果。

1. 电位均衡

当雷击于建筑物的防雷装置时,防雷装置中各部位暂态电位的升高可能会对其周围的金属物发生反击,损坏设备。如图 3-37,当雷击于建筑物防雷装置时,有部分雷电流经引下线 ABC 流入大地,在此过程中,由于 BC 段引下线电感和接地电阻的存在,使得 B 点的暂态电位升高,此时浮地或在远处接地的电子设备金属外壳尚处于近似零电位,当 B、C 之间的暂态电位超过此处空气间隙的绝缘耐受强度时,引下线与设备之间就会出现放电击穿,即设备受到雷电反击。如果预先在引下线与设备的金属外壳 B、D 之间用导体连接起来,则在雷击时引下线的 B 点将与设备的金属外壳之间保持等电位,这样在两者之间就不会出现放电击穿,这就是均压的基本原理。

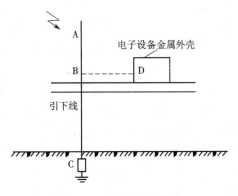

图 3-37　均压原理的说明

实际上,将钢筋混凝土建筑物中的钢筋和金属构件进行电气连接,形成一个笼式接闪网,它不仅具有屏蔽作用,而且也具有均压作用。在笼式接闪网受雷击接闪后,由于其整个笼网在电气上的连贯性,使其各个部位之间不会出现高的暂态电位差,这种做法实质上就是在利用建筑物自身的自然条件进行电传均衡,以防止建筑物中各金属构件之间发生雷电反击。为了保证建筑物内信息系统免受反击的危害,就需要对电子设备及其所联系的电源线和信号通信线路采取均压措施,即将设备外壳和线路外屏蔽层与建筑物中接地金属构件进行电气连接,实现电位均衡,如图 3-38 所示。经过这样的电位均衡之后,就可以有效地限制设备与构件和设备与设备之间的暂态电位差,从而避免在这些地方发生反击。

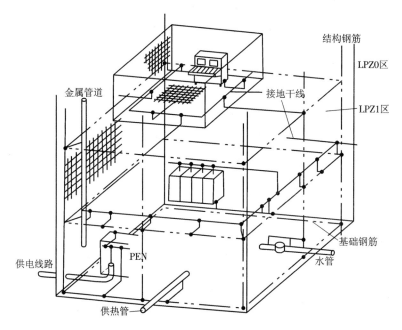

图 3-38　建筑物内电子设备与接地构件的等电位连接

对于进出建筑物的电源线和信号线等,它们内部的各带电导体也需要加以暂态电位均衡,因为雷击时导线与屏蔽层以及导体之间均有可能出现暂态电位差,这些暂态电位差会对线路的绝缘以及与线路端接的电子设备造成损害。但是,在未发生雷击的正常运行情况下,这些线路中的带电导体或者要输送电能,或者要传输信号,不能直接进行电气连接,否则将会造成短路,妨碍它们的正常远行。为此,可在各线路中的带电导体上采用避雷器或电涌保护器以及保护间隙来与建筑物的防雷接地的构件进行电气连接,实施暂态均压,如图 3-39 所示。在发生雷击时,带电导体与其他部分之间将出现高的暂态电位差,使得与这些导体相连的保护器件动作限压,呈现出接近于短路的电气连接,于是就实现了暂态电位均衡。而在雷击结束后,线路恢复正常运行,由于带电导体的工作电压相对很低,不足以使保护器件动作、则保护器此后将呈现开路状态,这就不会影响带电导体的正常供电或信号传输。为了进行这种暂态均压,现在已开发出专用的均压连接器,供不同类型的线路保护使用。另外,在某些情况下,出于防止地网中杂散电流和暂态电流干扰的目的,少数大型计算机系统可能要求其逻辑接地与建筑物的防雷接地网分开,引到建筑物外一定距离的接地网上。对于这些情况,也可以采用避雷器或保护间隙将这两个接地网连接起来,即将逻辑接地线在入户处用避雷器或保护间隙与建筑物接地网相连,这样在雷击建筑物时将首先使建筑物的接地网电位抬高,通过避雷器动作或保护间隙放电来使两个接地网进行暂态均压。这一做法也常称为暂态共地。在雷击暂态过程结束后,避雷器或保护间隙将恢复到开断状态,使这两个地网在电气上分离,从而可以使电流干扰不会通过地网传递到计算机系统中去。

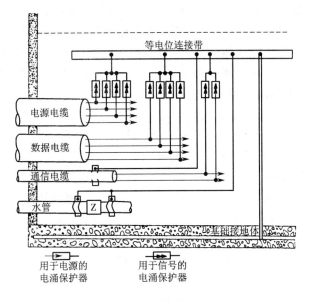

图 3-39 线路的暂态均压

2. 等电位连接

均压措施是通过等电位连接来实施的。通常,所有进入建筑物的外来金属管道、电源线和信号通信线等在穿过各防雷区时,均应在各区的交界面处做等电位连接,以预防闪电感应及闪电侵入波沿这些途径进入信息系统。图 3-40 为一个防雷区界面处等电位连接的示意,电源线和信号线从某一处进入被保护空间 LPZ1 区,它们首先在设于 LPZ0_A 区或 LPZ0_B 区与 LPZ1 区界面处的等电位连接带 1 上做等电位连接。这些线路然后在设于 LPZ1 区与 LPZ2 区的界面处的内部等电位连接带 2 上再做等电位连接。当外来的金属管道和电源线与信号线从不同地点进入建筑物时,宜设若干条等电位连接带,以供各管道和线路进行等电位连接。各等电位连接带宜就近连到环形接地体、内部环形条体或此类的钢筋上。

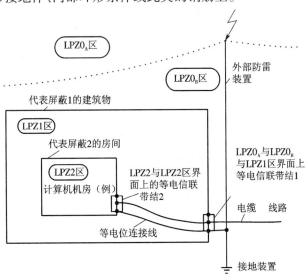

图 3-40 防雷区界面处的等电位连接

在一个防雷区内部的金属物和系统均应在界面处做等电位连接。信息系统中的各种箱体、壳体和机架等金属组件与建筑物的共用接地系统的等电位连接应采用 S 型星形结构和 M 型网形结构等两种基本等电位连接网络,如图 3-41 示。当采用 S 型等电位连接时,信息系统中的所有金属组件,除了等电位连接点外,应与共用接地系统的各组件有大于 $1.2/50~\mu s$,10 kV 的绝缘强度。这里加强绝缘强度的目的在于使外来干扰电流不能进入所涉及的信息系统设备。一般地说,S 型等电位连接网络可以用于相对较小、限定于局部的信息系统,且所有设施管线和电缆宜从接地基准点 ERP 附近进入该信息系统。S 型等电位连接网络应仅通过唯一的一点,即接地基准点 ERP 组合到建筑物的共用接地系统上去,以形成 S_s 型等电位连接(图 3-41)。在这种连接的情况下,设备之间的所有线路和电缆当无屏蔽时宜按星形结构与各等电位连接线平行敷设,以免产生感应回路。对于那些用于限制从线路侵入暂态过电压的电涌保护器,应合理选定其引线连接点,使得它们被连接在这些点上后,能够向被保护的设备提供最小的电涌残压水平。当采用 M 型等电位连接网络时,一个信息系统的各金属组件不应与建筑物共用接地系统中各组件绝缘。M 型等电位连接网络应通过多点连接组合到建筑物的公共接地系统上去,并形成 M_m 型等电位连接(图 3-41)。在一般场合下,M 型等电位连接网络宜用于延伸较大的开环信息系统,而且设备之间敷设许多条线路和电缆,设施和电缆从若干处进入该信息系统。

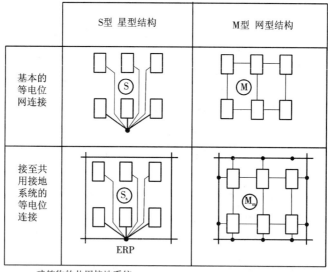

图 3-41 信息系统等电位连接的基本方式

四、箝位

箝位保护措施主要用于防止雷电暂态过电压侵害信息系统中的电子设备。闪电侵入波主要是从电源线和信号线等途径侵袭到信息系统中去的,所以必须在这些线路上采取箝位保护措施,以便对沿线路袭来的暂态过电压进行有效的抑制,使得与线路端接的电子设备免受损坏。

1. 对电涌保护器(SPD)的基本要求

箝位保护措施主要是通过在电子设备的电源线和信号线侧设置电涌保护器来实施的,如图3-42所示。当闪电侵入波沿电源线或信号线袭来时,电涌保护器将动作限压,对闪电侵入波过电压加以抑制,使电子设备得以保护。用于电源线保护的电涌保护器与用于信号线保护的电涌保护器分别被简称为电源系统保护器、信号系统保护器和天馈线系统保护器,虽然它们在性能上有不少差别,但从对雷电暂态过电压抑制的作用来看,仍存在着一些共同之处。以下将介绍这两类保护器的一些共同性的基本要求。

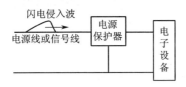

图 3-42　电涌保护器的设置

(1)电涌保护器在接入线路后,不应妨碍所在系统的正常运行,也就是说电涌保护器接入后对系统正常运行所产生的影响要限制到可以忽略的程度。根据这一要求,电涌保护器中的纵向并联元件在线路正常工作电压(要考虑一定的偏差裕度)作用下应呈现出接近于开路状态下非常大的阻抗;而电涌保护器中的横向串联元件应在线路的正常工作频率下呈现出很小的阻抗,在通过线路的正常工作电流时横向元件上出现的压降可以忽略,这样才能保证线路上正常传输的电流和电压不会因电涌保护器接入而产生不可接受的变化。

(2)电涌保护器在抑制雷电暂态过电压时应具有良好的箝位效果,即保护器在动作限压后的箝位电压(也就是其残压)水平应低于被保护电子设备的耐受电压水平。如果箝位电压超过了电子设备的耐受值,则电子设备将不能耐受而被损坏。

(3)在抑制暂态过电压时,电涌保护器应能迅速动作限压,即从过电压达到保护器的标称动作电压值起到保护器实际动作时的这段动作延时要尽可能小。因为对一定波形的雷电暂态过电压来说,如果这种动作延时大,则在保护器动作之前加于被保护电子设备的暂态电压已相当高,这就会使得在保护器尚未动作之前电子设备可能已被损坏。保护器的动作延时对于那些耐压脆弱的微电子设备来说是特别重要的。

(4)在遇到保护设计允许的最严重暂态过电压情况下,电涌保护器自身应能安全耐受,而不致被过电压所损坏。要达到这一要求,就需要保护器具有足够的通流容量,能够在设计允许的最严重过电压情况下充分吸收过电压的能量,而其自身不致发生过热损坏或出现明显的性能退化。

(5)当雷击时,被保护设备和系统所受到的电涌电压是SPD的最大箝位电压加上其两端引线的感应电压,如图3-43所示,$U \approx U_{L_1} + U_P + U_{L_2}$。

由于雷击电磁脉冲能使引线上感应出很高的电压。为使最大电涌电压足够低,其两端的引线应做到最短,总长不超过0.5 m。在实际工程中配电柜的生产厂应注意这一点,如果进线母线在柜顶,可将SPD装于配电拒的上部,并与柜内最近的接地母线连接,如果确实有困难,可采用如下的两种连线方式,见图3-44。

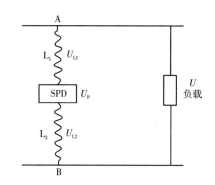

图 3-43　被保护设备承受的电压

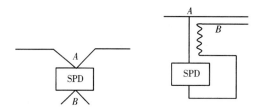

图 3-44　引线最短的两种接法

（6）当线路上多处安装 SPD 时，为获得最佳的保护效果，通常利用第一级保护承受高电压和大电流，并能快速灭弧，第二级用来降低残压。为了使上一级 SPD 有足够的时间泄放更多的雷电能量，避免在上一级 SPD 还没有动作时，感应闪电电涌到达下级 SPD，造成下级 SPD 承受更多的雷电能量并提前动作，不仅不能有效保护设备，甚至导致自身烧毁，因此两级 SPD 应有足够大的间距进行配合。一般情况下，无准确数据时，电压开关型 SPD 与限压型 SPD 之间线路长度不宜小于 10 m，限压型 SPD 之间的线路长度不宜小于 5 m。

（7）在抑制雷电暂态过电压结束后，电涌保护器应能有效地切断工频续流，尽快恢复到动作前的开路状态。这一要求对那些含间隙（保护间隙和放电管）的保护器来说是十分重要的。

2. 电源保护

将电源保护器安装在电子设备的电源线侧，对沿线路袭来的雷电暂态过电压进行抑制，这就构成了电源保护的基本模式。从电路结构上看，电源保护器可以分为单级和多级结构。单级保护器一般是一个保护元件或是与其他元件的组合，如图 3-45 所示。在单级保护支路中串入熔断器是起过电流保护作用，用于防止保护元件在抑制异常严重过电压时被过流烧毁。在图 3-45 中，将压敏电阻与保护间隙串联的目的是为了有效地切断工频续流和抑制正常时的泄漏电流，此处的保护间隙也可以换成放电管。图 3-46 给出了一个三相线路的单级保护电路。单级保护只能对雷电暂态过电压进行一次性抑制，应该说，在许多保护要求不太高的场合，它们是可以胜任的，但在一些保护要求较高的场合，它们将难以满足对那些脆弱电子设备的保护要求，这时就需要采用多级保护。最简单的多级保护器只包含两级，即两级保护路，这也是最常用的一种保护器，其原理电路如图 3-47。在两级保护器中，第一级保护元件主要用于泄放雷电暂态过电压作用下产生的暂态过电流，将大部分暂态过电压能量旁路泄放掉；第二级保护元件是用于电压箝位，进一步将暂态过电压抑制到后面被保护电子设备可以耐受的水平。介于第一级与第二级之间的串联元件称为退耦元件,其作用是协调第一级和第二级之间的保护特性配合。第一级保护元件的动作电压应高于第二级,其通流容量应足够大,以耐受其所泄放的暂态大电流。当雷电暂态过电压沿线路袭来时,由于第二级保护元件的动作电压较低,它将首先动作限压,于是退耦元件和第二级保护元件中就有暂态电流流过,电流在退耦元件上产生的压降与第二级保护元件上残压之和将加于第一级保护元件上,促使第一级保护元件尽快动作。当第一级动作后,暂态电流主要由它来泄放,而第二级此时将进一步限制经第一级抑制后的剩余过电压,并将这一电压箝位到电子设备可以接受的水平。第一级保护元件可以用保护间隙和放电管,但比较理想的元件是压敏电阻,而第二级保护元件比较合适的选择也是压敏电阻。退耦元件可以是电阻,也可以是电感,还可以是它们的串联体。退耦元件的参数应选很适当,如果该参数选得过大,虽然可以在暂态抑制过程中产生较大的压降来促使第一级尽快动作泄流,但在暂态抑制结束并恢复正常后,退耦元件在线路正常工作电流流过时产生的压降也比较大,从而会影响到后面被保护电子设备的正常电源电压。如果该参数值被选得过小,虽然有利于正常运行情况,但将不利于暂态抑制时改善第一级的动作特性。

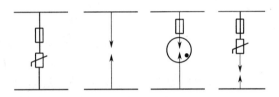

图 3-45　单级电源保护支路

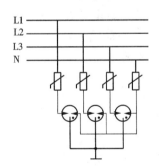

图 3-46　三相线路的单级保护

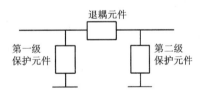

图 3-47　两级保护器的原理电路

工程中,安装电源侧 SPD 应注意以下几个问题。

(1)SPD 通流容量

如图 3-48 所示,因为已要求在线路由室外引入时作等电位连接,故认为从外部防雷装置引下的雷电流中有 50% 进入防雷接地体,另 50% 进入作等电位连接的各种管线,并且这些管线均分这剩下的 50% 电流。设从外部引下的雷电流为 i,该值可根据建筑物的防雷类别查出。进入各管线的电流 $i_s = 0.5i$,设管线的总数为 n,则进入每一管线(包括电线或电缆)的电流为 $i_i = i_s/n = 0.5i/n = i/2n$。若一路电缆有 m 芯,则每芯电流为 $i_v = i_i/m = i/2mn$。这是电缆无屏蔽的情况。若有屏蔽层,则绝大多数电流将沿屏蔽层流走,一般有屏蔽层时电流按 $30\% i_v$ 计算。

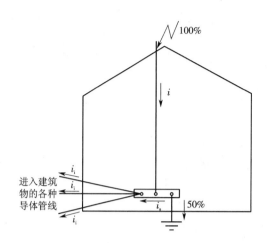

图 3-48　雷电流的分配

（2）两级保护距离

在一般情况下,当在线路上多处安装 SPD 且无准确数据时,电压开关型 SPD 与限压型 SPD 之间的线路长度不宜小于 10 m,限压型 SPD 之间的线路长度不宜小于 5 m。

这一条是根据两级 SPD 级间配合的原则定出的。首先,上一级的保护水平 U_P 和通流容量应大于下一级。其次,为使上级 SPD 泄放更多的能量,必须延迟闪电电涌到达下级的时间,否则会使下级 SPD 启动过早,因遭受过多的闪电电涌能量而不能保护设备,甚至烧毁自己。故上、下级在启动时间上应有所配合。因闪电电涌是一行波,上、下级之间的距离也就决定了动作的先后时间差。一般选择安装电压开关型 SPD 的地方,都是雷电流较大处,故电压开关型 SPD 与限压型 SPD 间的启动时间差应长一些,距离相应较长。而同为限压型的 SPD,其上级安装处的雷电流一般不会很大,可允许启动时间差短一些,距离相应也较短。

（3）SPD 自身的保护

SPD 在工作过程中,其自身的安全也是有可能受到威胁的,威胁主要来自以下两个方面:

①工频过电压　因 SPD 是防瞬态过电压的,过电压持续时间为 μs 级,而工频过电压的持续时间在 ms 级以上,工频过电压的能量远大于瞬态过电压,甚至能持续供给,故它很容易烧毁 SPD。防护的方法是选用较高持续运行电压 U_C 的 SPD,当然这又受到保护水平 U_P（电压保护级别,相当于避雷器的残压）的制约。

②短路　在工频过电压下,或者在瞬态电压过去后正常工频电压作用下,SPD 都可能发生短路,这时应由过电流保护电器对其进行保护。保护 SPD 的过电流保护电器可以是熔断器或断路器等,但它们应能耐受瞬态放电冲击电流,并且在瞬态冲击电流作用下不动作。

另外,还应考虑安装环境对 SPD 寿命的影响,如在潮湿环境中应选用具有耐湿性能的 SPD 等。

SPD 自身的安全性并不只是其自身是否损坏的问题,因为很多时候 SPD 受到损坏时,我们并不知道,实际上这时系统已失去了保护,因此对于一些重要的应用场所,可选择有遥信接点的 SPD,通过附加一个远程指示模块,可显示 SPD 的各种状态,如正常、故障、老化需要更换等,以便于维护管理。

3. 信号保护

与电源保护模式相仿,信号保护就是在电子设备的信号线上设置信号保护器,以抑制沿信号线侵入的雷电暂态过电压。

（1）信号保护器的结构

　　信号保护器的结构也分为单级和多级，单级信号保护器的电路如图 3-49 所示，其中压敏电阻、雪崩二极管和瞬态二极管一般用于保护频率不太高的信号线路，而放电管则适合于保护高频信号线路。其主要原因是压敏电阻、雪崩二极管和瞬态抑制二极管等均具有较大的电容，而放电管的电容则很小，保护元件自身电容的存在会畸变正常传输的高频信号。两级信号保护器的原理电路与图 3-47 相同，但考虑到信号线路的保护特点，第二级保护元件应具有较低的箝位电压，因此常用雪崩二极管和瞬态抑制二极管之类的保护元件。图 3-50 给出了一种典型的两级信号保护器电路。在该电路中，第一级放电管也可用压敏电阻来替代（对于频率不太高的信号线路），该图的保护原理与以上介绍的两级电源保护器基本相同。将两个如图 3-50 所示的电路组合起来，可构造出用于平衡数据线保护的两级保护电路，如图 3-51 所示。在许多情况下，两级保护支路可以分开设置，两级之间相距一定的距离，如图 3-52 所示的计算机接口保护电路，就是一种典型的情况。有时也将用于泄流的第一级称为粗保护级，将用于箝位的第二级称为细保护级。

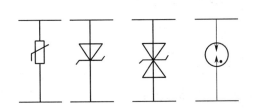

图 3-49　单级信号保护支路

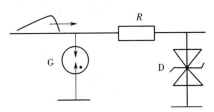

图 3-50　两级信号保护电路

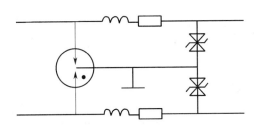

图 3-51　平衡数据线的两级保护电路

（2）信号线路防雷设计要求

①专用数据传输线电涌保护器的限制电压一般应小于 50 V。

②电涌保护器的输入、输出阻抗应与传输线路波阻抗相匹配。

③电涌保护器的插入损耗 $A_e \leqslant 0.5$ dB。

④电涌保护器的接口应与被保护设备的接口一致。

⑤接入 SPD 后对数据传输的速率、误码率等无任何不良影响。

⑥在 LPZ1 区以内，数据传输线有效长度 $L < 10$ m 的情况下可以不安装 SPD，反之需在传输线两端设备连接处分别安装电涌保护器。

⑦信号电涌保护器的响应时间应在纳秒级。

⑧电涌保护器级数，一般情况下安装一级保护就够了，因为信号电涌保护器内部线路都有

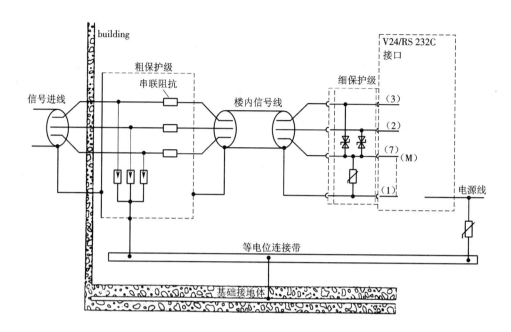

图 3-52　计算机接口保护电路

两级至三级保护电路设计。但是当调制解调器(Modem)传输线在 LPZ0 区内传输距离较长($L \geq 0$ m)时,就需要在调制解调器与主机之间增加第二级电涌保护器进行加强保护。电涌保护器的通流容量应根据设备所在的防雷区、雷击电磁脉冲强度和网络节点距离通过计算来确定。如果计算有困难,可参考表 3-5 选择。

表 3-5　LPZ1 区节点距离和通流容量关系

节点距离(无中继)/m	通流容量(8/20 μs)/kA
10 ~ 50	0.5 ~ 1
50 ~ 100	1 ~ 3
100 ~ 300	3 ~ 5

思 考 题

1. 闪电感应过电压防护和直击雷防护相比有哪些特点,具体措施有哪些?
2. 避雷器的常用种类和主要参数有哪些?
3. 试述氧化锌避雷器的工作原理。它的主要优点是什么?
4. 电涌保护器是如何分类的,分为哪几类,各适用于什么场所?
5. 限压型电涌保护器的工作原理是什么?
6. 信号线路和电源线路电涌保护器在安装上分别应注意哪些问题?
7. 在电源线路防雷设计中,如何选择电涌保护器的通流容量、残压和最大持续运行电压。
8. 假设一幢属于第二类防雷建筑物的信息大楼,从室外引入电力线和信号线。电力线为

TN-C-S 系统,在入口等电位连接界面处,即电力线路的总配电箱上装设三只 SPD,在此后改为 TN-S 系统。试选用所安装的 SPD。

9. 某厂有一座第二类防雷建筑物,高 15 m,其屋顶最远的一角距离高 50 m 的烟囱 10 m 远,烟囱上装有一支 3 m 高的接闪杆,试计算此接闪杆能否保护该建筑物。

附　　录

附录 A 《低压用电设计规范——电气装置的电击防护》

A.1 直接接触防护措施

（Ⅰ）将带电部分绝缘

A.1.1 带电部分应全部用绝缘层覆盖,其绝缘层应能长期承受在运行中遇到的机械、化学、电气及热的各种不利影响。

（Ⅱ）采用遮拦或外护物

A.1.2 标称电压超过交流方均根植 25 V 容易被触及的裸带电体,应设置遮拦或外护物。其防护等级不应低于现行国家标准《外壳防护等级（IP 代码）》GB4208 规定的 IP××B 级或 IP2×级。为更换灯头、插座或熔断器之类部件,或为实现设备的正常功能所需的开孔,在采取了下列两项措施后除外。

1. 设置防止人、畜意外触及带电部分的防护措施;

2. 在可能触及带电部分的开孔处,设置"禁止触及"的标志。

A.1.3 可触及的遮拦或外护物的顶面,其防护等级不应低于现行国家标准《外壳防护等级（IP 代码）》GB4208 规定的 IP××D 级或 IP4×级。

A.1.4 遮拦或外护物应稳定、耐久、可靠地固定。

A.1.5 需要移动的遮拦以及需要打开或拆下部件的外护物,应采用下列防护措施之一。

1. 只有使用钥匙或其他工具才能移动、打开、拆下遮拦或外护物;

2. 将遮拦或外护物所保护的带电部分的电源切断后,只有在重新放回或重新关闭遮拦或外护物后才能恢复供电;

3. 设置防护等级不低于现行国家标准《外壳防护等级（IP 代码）》GB4208 规定的 IP××B 级或 IP2×级的中间遮拦,并应能防止触及带电部分且只有石油钥匙或工具才能移开。

A.1.6 按本规范第 A.1.2 条设置的遮拦或外护物与裸带电体之间的净距的规定

1. 采用网状遮拦或外护物时,不应小于 100 mm;

2. 采用板状遮拦或外护物时,不应小于 50 mm。

（Ⅲ）采用阻挡物

A.1.7 当裸带电体采用遮拦或外护物防护有困难时,在电器专用房间或区域宜采用栏杆或网状屏障等阻挡物进行防护,阻挡物应能防止人体无意识的接近裸带电体和在操作设备过程中人体无意识的触及裸带电体。

A.1.8 阻挡物应适当固定,但可以不用钥匙或工具将其移开。

A.1.9 采用防护的国际低于现行国家标准《外壳防护等级（IP 代码）》GB4208 规定的 IP××B 级或 IP2×级的阻挡物时,阻挡物与裸带电体的水平净距不应小于 1.25 mm,阻挡物的高度不应小于 1.4 m。

（Ⅳ）置于伸臂范围之外

A.1.10 在电气专用房间或区域,不采用防护等级等于高于现行国家标准《外壳防护等级（IP 代码）》GB4208 规定的 IP××B 级或 IP2×级的遮拦、外护物或阻挡物时,应将人可能无意识同时触及的不同电位的可导电部分置于伸臂范围之外。

A.1.11 伸臂范围（A.1.11）应符合下列规定:

1.裸带电体布置在有人活动的区域上方时,其与平台或地面的垂直净距不应小于 2.5 m;

2.裸带电体布置在有人活动的平台侧面时,其与平台边缘的水平净距不应小于 1.25 m;

3.裸带电体布置在有人活动的平台下方时,其与平台下方的垂直净距不应小于 1.25 m,且与平台边缘的水平净距不应小于 0.75 m;

4.裸带电体的水平方向的阻挡物、遮拦或外护物,其防护等级低于现行国家标准《外壳防护等级（IP 代码）》GB4208 规定的 IP××B 级或 IP2×级时,伸臂范围应从阻挡物、遮拦或外护物算起;

5.在有人活动区域上方的裸带电体的阻挡物、遮拦或外护物,其防护等级低于现行国家标准《外壳防护等级（IP 代码）》GB4208 规定的 IP××B 级或 IP2×级时,伸臂范围 2.5 m 应从人所在地面算起;

6.人手持大的或长的导电物体时,伸臂范围应计及该物体的尺寸。

（Ⅴ）用剩余电流动作保护器的附加保护

A.1.12 额定剩余动作电流不超过 30 mA 剩余电流动作保护器,可作为其他直接接触防护措施失效或使用者疏忽时的附加防护,但不能单独作为直接接触防护措施。

A.2 间接接触防护措施

（Ⅰ）一般规定

A.2.1 对于未按现行国家标准《建筑物电气装置 第 4–41 部分:安全防护 电击防护》GB 16895.21 的规定采用下列间接接触防护措施者,应采用本节所规定的防护措施。

1.采用Ⅱ类设备;

2.采取电气分隔措施;

3.采用特低电压供电;

4.将电气设备安装在非导电场所内;

5.设置不接地的等电位联结。

A.2.2 在使用Ⅰ类设备、预期接触电压限值为 50 V 的场所,当回路或设备中发生带电导体与外露可导电部分或保护导体之间的故障时,间接接触防护电器应能在预期接触电压超过 50 V 且持续时间足以引起对人体有害的病理生理效应前自动切断该回路或设备的电源。

A.2.3 电气装置的外露可导电部分,应与保护导体连接。

A.2.4 建筑物内的总等电位联结的规定

1.每个建筑物中的下列可导电部分,应做总等电位联结。

①总保护导体（保护导体、保护接地中性导体）;

②电气装置总接地导体或总接地端子排;

③建筑物内的水管、燃气管、采暖和空调管道等各种金属干管;

④可接用的建筑物金属结构部分。

2. 来自外部的本条第 1 款规定的可导电部分,应在建筑物内距离引入点最近的地方做总等电位联结。

3. 总等电位联结导体,应符合本规范第 3.2.15 条至第 3.2.17 条的有关规定。

4. 通信电缆的金属外护层在做等电位联结时,应征得相关部门的同意。

A.2.5 当电气装置或电气装置某一部分发生接地故障后间接接触的保护电器不能满足自动切断电源的要求时,尚应在局部范围内将本规范第 A.2.4 条第 1 款所列可导电部分再做一次局部等电位联结;亦可将伸臂范围内能同时触及的两个可导电部分之间做辅助等电位联结。局部等电位联结或辅助等电位联结的有效性的要求

$$R \leqslant \frac{50}{I_0}$$

式中 R——可同时触及的外露可导电部分和装置外可导电部分之间,故障电流产生的电压降引起接触电压的一段线路的电阻(Ω);

  I_0——保证间接接触保护电器在规定时间内切断故障回路的动作电流(A)。

A.2.6 配电线路间接接触防护的上下级保护电器的动作特性之间应有选择性。

(Ⅱ)TN 系统

A.2.7 TN 系统中电气装置的所有外露可导电部分,应通过保护导体与电源系统的接地点连接。

A.2.8 TN 系统中配电线路的间接接触防护电器的动作特性的要求

$$Z_s I_a \leqslant U_0 \tag{A.2.8}$$

式中 Z_s——接地故障回路的阻抗(Ω);

  U_0——相导体对地标称电压(V)。

A.2.9 TN 系统中配电线路的间接接触防护电器切断故障回路的时间规定

1. 配电线路或仅供给固定式电气设备用电技术的末端线路,不宜大于 5 s;

2. 供给手持式电气设备和移动式电气设备用电的末端线路或插座回路,TN 系统的最长切断时间不应大于表 A.2.9 的规定。

表 A.2.9 TN 系统的最长切断时间

相导体对地标称电压/V	切断时间/s
220	0.4
380	0.2
>380	0.1

A.2.10 在 TN 系统中,当配电箱或配电回路同时直接或间接给固定式、手持式和移动式电气设备供电时应采取下列措施之一。

1. 应使配电箱至总等电位联结点之间的一段保护导体的阻抗符合下式的要求

$$Z_L \leqslant \frac{50}{U_s} Z_s \tag{A.2.10}$$

式中 Z_LZ 为配电箱至总等电位联结点之间的一段保护导体的阻抗(Ω)。

2 应将配电箱内保护导体母排与该局部范围内的装置外可导电部分做局部等电位联结或按本规范第 A.2.5 条的有关要求做辅助等电位联结。

A.2.11　当 TN 系统相导体与无等电位联结作用的地之间发生接地故障时,为是保护导体和与之连接的外露可导电部分的对地电压不超过 50 V,其接地电阻的比值应符合下式的要求

$$\frac{R_B}{R_E} \leqslant \frac{50}{U_0 - 50} \qquad (\text{A.2.11})$$

式中　R_B——所有与系统接地极并联的接地电阻(Ω);

　　　R_E——相导体与大地之间的接地电阻(Ω)。

A.2.12　当不符合本规范(A.2.11)的要求时,应补充其他有效的间接接触防护措施,或采用局部 TT 系统。

A.2.13　TN 系统中,配电线路采用过电流保护电器兼作间接接地防护电器时,其动作特性应符合本规范第 A.2.8 条的规定;当不符合规定时,应采用剩余电流动作保护电器。

(Ⅲ) TT 系统

A.2.14　TT 系统中,配电线路内有同一间接接触防护电器保护的外露可导电部分,应用保护导体连接至共用或各自的接地极上。当有多级保护时,各级应有各自的或共同的接地极。

A.2.15　TT 系统配电线路间接接触防护电器的动作特性的要求

$$R_A I_a \leqslant 50 \text{ V} \qquad (\text{A.2.15})$$

式中 R_A 为外露可导电部分的接地电阻和保护导体电阻之和(Ω)。

A.2.16　TT 系统中,间接接触防护的保护电器切断故障回路的动作电流,应采用熔断器时,应为保证熔断器在 5 s 内切断故障回路的电流;当采用断路器时,应为保证断路器瞬时切断故障回路的电流;当采用剩余电流保护电器时,应为额定剩余动作电流。

A.2.17　TT 系统中,配电线路间接接触防护电器的动作特性不符合本规范第 A.2.15 条的规定时,应按本规范第 A.2.5 条的规定做局部等电位联结或辅助等电位联结。

A.2.18　TT 系统中,配电线路的间接接触防护的保护电器应采用剩余电流动作保护电器或过电流保护电器。

(Ⅳ) 系统

A.2.19　在 IT 系统的配电线路中,当发生第一次接地故障时,应发出报警信号,且故障电流的要求

$$R_A I_d \leqslant 50 \text{ V} \qquad (\text{A.2.19})$$

式中 I_d 为相导体和外露可导电部分间第一次接地故障的故障电流(A),此值应计及泄露电流和电气装置全部接地阻抗值的影响。

A.2.20　IT 系统应设置绝缘监测器。当发生第一次接地故障或绝缘电阻低于规定的整定值时,应有绝缘监测器发出音响和灯光信号,且灯光信号应持续到故障消除。

A.2.21　IT 系统的外露可导电部分可采用共同的接地极接地,亦可个别或成组地采用单独的接地极接地,并应符合下列规定。

1. 当外露可导电部分为共同接地,发生第二次接地故障时,故障回路的切断应符合本规范规定的 TN 系统自动切断电源的要求;

2. 当外露可导电部分单独或成组地接地,发生第二次接地故障时,故障回路的切断应符合本规范的 TT 系统自动切断电源的要求。

A.2.22　IT 系统不宜配出中性导体。

A.2.23　在 IT 系统的配电线路中,当发生第二次接地故障时,故障回路的最长切断时间不应大于表 A.2.23 的规定。

表 A.2.23　IT 系统第二次故障时最长切断时间

相对地标称电压/ 相间标称电压/V	切　断　时　间	
	没有中性导体配出	有中性导体配出
220/380	0.4	0.8
380/660	0.2	0.4
580/1 000	0.1	0.2

A.2.24　IT 系统的配电线路符合本规范第 A.2.21 条第款规定时,应有过电流保护电器或剩余电流保护器切断故障回路,并应符合下式的规定。

1. 当 IT 系统不配出中性导体时,保护电器动作特性的要求

$$Z_c I_e \leqslant \frac{\sqrt{3}}{2} U_0$$

2. 当 IT 系统配出中性导体时,保护电器动作特性的要求

$$Z_d I_e \leqslant \frac{1}{2} U_0$$

式中　Z_c——包括相导体和保护导体的故障回路的阻抗(Ω);

　　　Z_d——包括相导体、中性导体和保护导体的故障回路的阻抗(Ω);

　　　I_e——保证保护电器在表 A.2.23 规定的时间或其他回路允许的 5 s 内切断故障回路的电流(A)。

A.3　SELV 系统和 PELV 系统及 FELV 系统

(Ⅰ)SELV 系统和 PELV 系统

A.3.1　直接接触防护的措施和间接接触防护的措施,除本规范第 A.1 节和第 A.2 节规定的防护措施外,亦可采用 SELV 系统和 PELV 系统作为防护措施。

A.3.2　SELV 系统和 PELV 系统的标称电压不应超过交流方均根值 50 V。当系统由自耦变压器、分压器或半导体器件等设备从高于 50 V 电压系统供电时,应对输入回路采取保护措施。特殊装置或场所的电压限值,应符合现行国家标准《建筑物电气装置》CB16895 系列标准中的有关标准的规定。

A.3.3　SELV 系统和 PELV 系统的电源应符合下列要求之一。

1. 有符合现行国家标准《隔离变压器和安全隔离变压器　技术要求》GB13028 的安全隔离变压器供电;

2. 具备与本条第 1 款规定的安全隔离变压器有同等安全程度的电源;

3. 电化学电源或与高于交流方均根值 50 V 电压的回路无关的其他电源。

4. 符合相应标准，而且即使内部发生故障也保证能使出线端子的电压不超过交流方均根值 50 V 的电子器件构成的电源。当发生直接接触和间接接触时，电子器件能保证出线端子的电压立即降低等于小于交流方均根值 50 V 时，出线端子的电压可高于交流方均根值 50 V 的电压。

A. 3. 4　SELV 系统和 PELV 系统的安全隔离变压器或电动发电机等移动式安全电源，应达到Ⅱ类设备或与Ⅱ类设备等效绝缘的防护要求。

A. 3. 5　SELV 系统和 PELV 系统回路的带电部分相互之间及与其他回路之间，应进行电气分隔，且不应低于安全隔离变压器的输入和输出回路之间的隔离要求。

A. 3. 6　每个 SELV 系统和 PELV 系统的回路导体，应与其他回路导体分开布置。当不能分开布置时应采取下列措施之一。

1. SELV 系统和 PELV 系统的回路导体应做基本绝缘，并应将其封闭在非金属护套内；

2. 不用的电压的回路导体，应用接地的金属屏蔽或接地的金属护套隔开；

3. 不用电压的回路可包含在一个多芯电缆或导体组内，但 SELV 系统和 PELV 系统的回路导体应单独或集中按其中最高电压绝缘。

A. 3. 7　SELV 系统的回路带电部分严禁与地、其他回路的带电部分或保护导体相连接，并应符合下列要求。

1. 设备的外露可导电部分不应与下列部分连接

①地；

②其他回路的保护导体或外露可导电部分；

③装置外可导电部分。

2. 电气设备因功能的要求与装置外可导电部分连接时，应采取保证这种连接的电压不会高于交流方均根值 50 V 的措施。

3. SELV 系统回路的外露可导电部分有可能接触其他回路的外露可导电部分时，其电击防护除依靠 SELV 系统的保护外，尚应依靠可能被接触的其他回路的外露可导电部分所采取的保护措施。

A. 3. 8　SELV 系统，当标称电压超过交流方均根值 25 V 时，直接接触防护应采取下列措施之一

1. 设置防护等级不低于现行国家标准《外壳防护等级（IP 代码）》GB4208 规定的 IP××B 级或 IP2×级的遮拦或外护物；

2. 采用能承受交流方均根值 500 V、时间为 1 min 的电压耐受实验的绝缘。

A. 3. 9　当 SELV 系统的标称电压不超过交流方均根值 25 V 时，除国家现行有关标准另有规定外，可不设直接接触防护。

A. 3. 10　PELV 系统的直接接触防护，应采用本规范第 5. 3. 8 条的措施。当建筑物内外已设置总等电位联结，PELV 系统的接地配置和外露可导电部分已用保护导体连接到总接地端子上，且符合下列条件时，可采取直接接触防护措施。

1. 设备在干燥场所使用，预计人体不会大面积触及带电部分并且标称电压不超过交流方均根植 25 V；

2. 在其他情况下，标称电压不超过交流方均根值 6 V。

A. 3. 11 SELV 系统的插头和插座的规定

1. 插头不应插入其他电压系统的插座；

2. 其他电压系统的插头应不能插入插座；

3. 插座应无保护导体的插孔。

A. 3. 12 PELV 系统的插头和插座,应符合本规范第 A. 3. 11 条的第 1 款和第 2 款的要求。

(Ⅱ)FELV 系统

A. 3. 13 当不必要采用 SELV 系统和 PELV 系统保护或因功能上的原因使用了标称电压小于等于交流方均根值50V 的电压,但本规范第 A. 3. 1～第 A. 3. 12 条的规定不能完全满足其要求时,可采用 FELV 系统。

A. 3. 14 FELV 系统的直接接触防护,应采取下列措施之一。

1. 应装设符合本规范第 A. 1 节(Ⅱ)要求的遮拦或外护物；

2. 应采用与一次回路所要求的最低实验电压相当的绝缘。

A. 3. 15 当属于 FELV 系统的一部分的设备绝缘不能耐受一次回路所要求的实验电压时,设备可接近的非导电部分的绝缘应加强,且应使其能耐受交流方均根值为 1 500 V、时间为 1 min 的实验电压。

A. 3. 16 FELV 系统的间接接触防护,应采取下列措施之一。

1. 当一次回路采用自动切断电源的防护措施时,应将 FELV 系统中的设备外露可导电部分与一次回路的保护导体连接,此时不排除 FELV 系统中的带电导体与该一次回路保护导体的连接；

2. 当一次回路采用电气分隔防护时,应将 FELV 系统中的设备外露可导电部分与一次回路的不接地等电位联结导体连接。

A. 3. 17FELV 系统的插头和插座,应符合本规范第 A. 3. 11 条第 1 款、第 2 款的规定。

附录 B　《民用建筑电气设计规范——民用建筑物防雷》

B.1　一般规定

B.1.1　本章适用于民用建筑物、构筑物的防雷设计,不适用于具有爆炸和火灾危险环境的民用建筑物的防雷设计。

B.1.2　建筑物防雷设计应调查地质、地貌、气象、环境等条件和雷电活动规律以及被保护物的特点等,因地制宜地采取防雷措施,做到安全可靠、技术先进、经济合理。

B.1.3　建筑物防雷不应采用装有放射性物质的接闪器。

B.1.4　新建建筑物防雷应根据建筑及结构形式与相关专业配合,宜利用建筑物金属结构及钢筋混凝土结构中的钢筋等导体作为防雷装置。

B.1.5　年平均雷暴日数应根据当地气象台(站)的资料确定。

B.1.6　建筑物年预计雷击次数的计算应符合本规范附录 C 的规定。

B.1.7　在防雷装置与其他设施和建筑物内人员无法隔离的情况下,装有防雷装置的建筑物,应采取等电位联结。

B.1.8　民用建筑物防雷设计除应符合本规范的规定外,尚应符合现行国家标准《建筑物防雷设计规范》GB 50057 和《建筑物电子信息系统防雷技术规范》GB 50343 的规定。

B.2　建筑物的防雷分类

B.2.1　建筑物应根据其重要性、使用性质、发生雷电事故的可能性及后果,按防雷要求进行分类。

B.2.2　根据现行国家标准《建筑物防雷设计规范》GB 50057 的规定,民用建筑物应划分为第二类和第三类防雷建筑物。

在雷电活动频繁或强雷区,可适当提高建筑物的防雷保护措施。

B.2.3　符合下列情况之一的建筑物应划为第二类防雷建筑物。

1. 高度超过 100 m 的建筑物;

2. 国家级重点文物保护建筑物;

3. 国家级的会堂、办公建筑物、档案馆、大型博展建筑物;特大型、大型铁路旅客站;国际性的航空港、通信枢纽;国宾馆、大型旅游建筑物;国际港口客运站;

4. 国家级计算中心、国家级通信枢纽等对国民经济有重要意义且装有大量电子设备的建筑物;

5. 年预计雷击次数大于 0.06 的部、省级办公建筑物及其他重要或人员密集的公共建筑物;

6. 年预计雷击次数大于 0.3 的住宅、办公楼等一般民用建筑物。

B.2.4　符合下列情况之一的建筑物应划为第三类防雷建筑物。

1. 省级重点文物保护建筑物及省级档案馆;

2. 省级大型计算中心和装有重要电子设备的建筑物;

3. 19 层及以上的住宅建筑和高度超过 50 m 的其他民用建筑物;

4. 年预计雷击次数大于或等于 0.012 且小于或等于 0.06 的部、省级办公建筑物及其他重要或人员密集的公共建筑物；

5. 年预计雷击次数大于或等于 0.06 且小于或等于 0.3 的住宅、办公楼等一般民用建筑物；

6. 建筑群中最高的建筑物或位于建筑群边缘高度超过 20 m 的建筑物；

7. 通过调查确认当地遭受过雷击灾害的类似建筑物；历史上雷害事故严重地区或雷害事故较多地区的较重要建筑物；

8. 在平均雷暴日大于 15 d/a 的地区，高度大于或等于 15 m 的烟囱、水塔等孤立的高耸构筑物；在平均雷暴日小于或等于 15 d/a 的地区，高度大于或等于 20 m 的烟囱、水塔等孤立的高耸构筑物。

B.3　第二类防雷建筑物的防雷措施

B.3.1　第二类防雷建筑物应采取防直击雷、防侧击和防雷电波侵入的措施。

B.3.2　防直击雷的措施的规定

1. 接闪器宜采用避雷带(网)、避雷针或由其混合组成。避雷带应装设在建筑物易受雷击的屋角、屋脊、女儿墙及屋檐等部位，并应在整个屋面上装设不大于 10 m×10 m 或 12 m×8 m 的网格。

2. 所有避雷针应采用避雷带或等效的环形导体相互连接。

3. 引出屋面的金属物体可不装接闪器，但应和屋面防雷装置相连。

4. 在屋面接闪器保护范围之外的非金属物体应装设接闪器，并应和屋面防雷装置相连。

5. 当利用金属物体或金属屋面作为接闪器时，应符合本规范第 B.6.4 条的要求。

6. 防直击雷的引下线应优先利用建筑物钢筋混凝土中的钢筋或钢结构柱，当利用建筑物钢筋混凝土中的钢筋作为引下线时，应符合本规范第 B.7.7 条的要求。

7. 防直击雷装置的引下线的数量和间距的规定

(1)专设引下线时，其根数不应少于 2 根，间距不应大于 18 m，每根引下线的冲击接地电阻不应大于 10 Ω；

(2)当利用建筑物钢筋混凝土中的钢筋或钢结构柱作为防雷装置的引下线时，其根数可不限，间距不应大于 18 m，但建筑外廊易受雷击的各个角上的柱子的钢筋或钢柱应被利用，每根引下线的冲击接地电阻可不作规定。

8. 防直击雷的接地网应符合本规范第 B.8 节的规定。

B.3.3　当建筑物高度超过 45 m 时的防侧击措施规定

1. 建筑物内钢构架和钢筋混凝土的钢筋应相互连接。

2. 应利用钢柱或钢筋混凝土柱子内钢筋作为防雷装置引下线。结构圈梁中的钢筋应每三层连成闭合回路，并应同防雷装置引下线连接。

3. 应将 45 m 及以上外墙上的栏杆、门窗等较大金属物直接或通过预埋件与防雷装置相连。

4. 垂直敷设的金属管道及类似金属物除应满足本规范第 B.3.6 条的规定外，尚应在顶端和底端与防雷装置连接。

B.3.4　防雷电波侵入的措施规定

1. 为防止雷电波的侵入,进入建筑物的各种线路及金属管道宜采用全线埋地引入,并应在入户端将电缆的金属外皮、钢导管及金属管道与接地网连接。当采用全线埋地电缆确有困难而无法实现时,可采用一段长度不小于 $2\sqrt{\rho}(\mathrm{m})$ 的铠装电缆或穿钢导管的全塑电缆直接埋地引入,电缆埋地长度不应小于 15 m,其入户端电缆的金属外皮或钢导管应与接地网连通。

注:ρ 为埋地电缆处的土壤电阻率($\Omega \cdot \mathrm{m}$)。

2. 在电缆与架空线连接处,还应装设避雷器,并应与电缆的金属外皮或钢导管及绝缘子铁脚、金具连在一起接地,其冲击接地电阻不应大于 10 Ω。

3. 年平均雷暴日在 30 d/a 及以下地区的建筑物,可采用低压架空线直接引入建筑物的要求

(1) 入户端应装设避雷器,并应与绝缘子铁脚、金具连在一起接到防雷接地网上,冲击接地电阻不应大于 5 Ω;

(2) 入户端的三基电杆绝缘子铁脚、金具应接地,靠近建筑物的电杆的冲击接地电阻不应大于 10 Ω,其余两基电杆不应大于 20 Ω。

4. 进出建筑物的架空和直接埋地的各种金属管道应在进出建筑物处与防雷接地网连接。

5. 当低压电源采用全长电缆或架空线换电缆引入时,应在电源引入处的总配电箱装设浪涌保护器。

6. 设在建筑物内、外的配电变压器,宜在高、低压侧的各相装设避雷器。

B.3.5　防止雷电流流经引下线和接地网时产生的高电位对附近金属物体、电气线路、电气设备和电子信息设备的反击的措施的规定

1. 有条件时,宜将防雷装置的接闪器和引下线与建筑物内的金属物体隔开。金属物体至引下线的距离应符合公式(B.3.5-1)～(B.3.5-3)的要求,地下各种金属管道及其他各种接地网距防雷接地网的距离应符合公式(B.3.5-4)的要求,且不应小于 2 m,达不到时应相互连接。

当 $L_x \geqslant 5R_i$ 时

$$S_{a1} \geqslant 0.075K_c(R_i + L_x) \tag{B.3.5-1}$$

当 $L_x < 5R_i$ 时

$$S_{a1} \geqslant 0.3K_c(R_i + 0.1L_x) \tag{B.3.5-2}$$

$$S_{a2} \geqslant 0.075K_c L_x \tag{B.3.5-3}$$

$$S_{ed} \geqslant 0.3K_c R_i \tag{B.3.5-4}$$

式中　S_{a1}——当金属管道的埋地部分未与防雷接地网连接时,引下线与金属物体之间的空气中距离(m);

S_{a2}——当金属管道的埋地部分已与防雷接地网连接时,引下线与金属物体之间的空气中距离(m);

R_i——防雷接地网的冲击接地电阻(Ω);

L_x——引下线计算点到地面长度(m);

S_{ed}——防雷接地网与各种接地网或埋地各种电缆和金属管道间的地下距离(m);

K_c——分流系数,单根引下线应为 1,两根引下线及接闪器不成闭合环的多根引下线应为 0.66,接闪器成闭合环或网状的多根引下线应为 0.44。

2. 当利用建筑物的钢筋体或钢结构作为引下线,同时建筑物的大部分钢筋、钢结构等金属物与被利用的部分连成整体时,其距离可不受限制。

3. 当引下线与金属物或线路之间有自然接地或人工接地的钢筋混凝土构件、金属板、金属网等静电屏蔽物隔开时,其距离可不受限制。

4. 当引下线与金属物或线路之间有混凝土墙、砖墙隔开时,混凝土墙的击穿强度应与空气击穿强度相同,砖墙的击穿强度应为空气击穿强度的二分之一。当引下线与金属物或线路之间距离不能满足上述要求时,金属物或线路应与引下线直接相连或通过过电压保护器相连。

5. 对于设有大量电子信息设备的建筑物,其电气、电信竖井内的接地干线应与每层楼板钢筋作等电位联结。一般建筑物的电气、电信竖井内的接地干线应每三层与楼板钢筋作等电位联结。

B.3.6　当整个建筑物全部为钢筋混凝土结构或为砖混结构但有钢筋混凝土组合柱和圈梁时,应利用钢筋混凝土结构内的钢筋设置局部等电位联结端子板,并应将建筑物内的各种竖向金属管道每三层与局部等电位联结端子板连接一次。

B.3.7　当防雷接地网符合本规范第 B.8.8 条的要求时,应优先利用建筑物钢筋混凝土基础内的钢筋作为接地网。当为专设接地网时,接地网应围绕建筑物敷设成一个闭合环路,其冲击接地电阻不应大于 10 Ω。

B.4　第三类防雷建筑物的防雷措施

B.4.1　第三类防雷建筑物应采取防直击雷、防侧击和防雷电波侵入的措施。

B.4.2　防直击雷的措施的规定

1. 接闪器宜采用避雷带(网)、避雷针或由其混合组成,所有避雷针应采用避雷带或等效的环形导体相互连接。

2. 避雷带应装设在屋角、屋脊、女儿墙及屋檐等建筑物易受雷击部位,并应在整个屋面上装设不大于 20 m×20 m 或 24 m×16 m 的网格。

3. 对于平屋面的建筑物,当其宽度不大于 20 m 时,可仅沿周边敷设一圈避雷带。

4. 引出屋面的金属物体可不装接闪器,但应和屋面防雷装置相连。

5. 在屋面接闪器保护范围以外的非金属物体应装设接闪器,并应和屋面防雷装置相连。

6. 当利用金属物体或金属屋面作为接闪器时,应符合本规范第 B.6.4 条的要求。

7. 防直击雷装置的引下线应优先利用钢筋混凝土中的钢筋,但应符合本规范第 B.7.7 条的要求。

8. 防直击雷装置的引下线的数量和间距的规定

(1)为防雷装置专设引下线时,其引下线数量不应少于两根,间距不应大于 25 m,每根引下线的冲击接地电阻不宜大于 30 Ω;对第 B.2.4 条第 4 款所规定的建筑物则不宜大于 10 Ω;

(2)当利用建筑物钢筋混凝土中的钢筋作为防雷装置引下线时,其引下线数量可不受限制,间距不应大于 25 m,建筑物外廓易受雷击的几个角上的柱筋宜被利用。每根引下线的冲击接地电阻值可不作规定。

9. 构筑物的防直击雷装置引下线可为一根,当其高度超过 40 m 时,应在相对称的位置上装设两根。当符合本规范第 B.7.7 条的要求时,钢筋混凝土结构的构筑物中的钢筋可作为引下线。

10. 防直击雷装置的接地网宜和电气设备等接地网共用。进出建筑物的各种金属管道及电气设备的接地网,应在进出处与防雷接地网相连。在共用接地网并与埋地金属管道相连的情况下,接地网宜围绕建筑物敷设成环形。当符合本规范第 B.8.8 条的要求时,应利用基础和地梁作为环形接地网。

B.4.3　当建筑物高度超过 60 m 时的防侧击措施规定

1.建筑物内钢构架和钢筋混凝土中的钢筋及金属管道等的连接措施,应符合本规范第 B.3.3 条的规定;

2.应将 60 m 及以上外墙上的栏杆、门窗等较大的金属物直接或通过预埋件与防雷装置相连。

B.4.4　防雷电波侵入的措施的规定

1.对电缆进出线,应在进出端将电缆的金属外皮、金属导管等与电气设备接地相连。架空线转换为电缆时,电缆长度不宜小于 15 m,并应在转换处装设避雷器。避雷器、电缆金属外皮和绝缘子铁脚、金具应连在一起接地,其冲击接地电阻不宜大于 30 Ω。

2.对低压架空进出线,应在进出处装设避雷器,并应与绝缘子铁脚、金具连在一起接到电气设备的接地网上。当多回路进出线时,可仅在母线或总配电箱处装设避雷器或其他形式的浪涌保护器,但绝缘子铁脚、金具仍应接到接地网上。

3.进出建筑物的架空金属管道,在进出处应就近接到防雷或电气设备的接地网上或独自接地,其冲击接地电阻不宜大于 30 Ω。

B.4.5　防止雷电流流经引下线和接地网时产生的高电位对附近金属物体、电气线路、电气设备和电子信息设备的反击的措施的要求

1.有条件时,宜将防雷装置的接闪器和引下线与建筑物内的金属物体隔开。金属物体至引下线的距离应符合公式(B.4.5-1)或(B.4.5-2)的要求。地下各种金属管道及其他各种接地网距防雷接地网的距离应符合公式(B.3.5-4)的要求,但不应小于 2 m。当达不到时,应相互连接。

当 $L_x \geq 5R_i$ 时

$$S_{a1} \geq 0.05K_c(R_i + L_x) \qquad (B.4.5\text{-}1)$$

当 $L_x < 5R_i$ 时

$$S_{a1} \geq 0.2K_c(R_i + 0.1L_x) \qquad (B.4.5\text{-}2)$$

式中　S_{a1}——当金属管道的埋地部分未与防雷接地网连接时,引下线与金属物体之间的空气中距离(m);

　　　　R_i——防雷接地网的冲击接地电阻(Ω);

　　　　K_c——分流系数;

　　　　L_x——引下线计算点到地面长度(m)。

2.在共用接地网并与埋地金属管道相连的情况下,其引下线与金属物之间的空气中距离应符合公式(B.3.5-3)的要求。

3.当利用建筑物的钢筋体或钢结构作为引下线,同时建筑物的钢筋、钢结构等金属物与被利用的部分连成整体时,其距离可不受限制。

4.当引下线与金属物或线路之间有自然地或人工地的钢筋混凝土构件、金属板、金属网等静电屏蔽物隔开时,其距离可不受限制。

5.电气、电信竖井内的接地干线与楼板钢筋的等电位联结应符合本规范第 B.3.5 条的规定。

B.5　其他防雷保护措施

B.5.1　微波站、电视差转台、卫星通信地球站、广播电视发射台、雷达站、雷达雷测试调试场、移动通信基站等建筑物的防雷的规定

1. 天线铁塔上的天线应在避雷针保护范围内,避雷针可固定在天线铁塔上,塔身金属结构可兼做接闪器和引下线。当天线塔位于机房旁边时,应在塔基四角外敷设铁塔接地网和闭合环形接地体,天线铁塔及防雷引下线应与该接地网和闭合环形接地体可靠连通。天线基础周围的闭合环形接地体与围绕机房四周敷设的闭合环形接地体应有两处以上部位可靠连接。

2. 天线铁塔上的天线馈线波导管或同轴传输线的金属外皮及敷线金属导管,应在塔的上下两端及超过 60 m 时,还应在其中间部位与塔身金属结构可靠连接,并应在机房入口处的外侧与接地网连通。经走线架上塔的天线馈线,应在其转弯处上方 0.5 ~ 1 m 范围内可靠接地,室外走线架亦应在始末两端可靠接地。塔上的天线安装框架、支持杆、灯具外壳等金属件,应与塔身金属结构用螺栓连接或焊接连通。塔顶航空障碍灯及塔上的照明灯电源线应采用带金属外皮的电缆或将导线穿入金属导管,电缆金属外皮或金属导管至少应在上下两端与塔身连接。

3. 卫星通信地球站天线的防雷,可采用独立避雷针或在天线口面上沿及副面调整器顶端预留的安装避雷针处分别安装相应的避雷针。当天线安装于地面上时,其防雷引下线应直接引至天线基础周围的闭合形接地体。当天线位于机房屋顶时,可利用建筑物结构钢筋作为其防雷引下线。

4. 中波无线电广播台的桅杆天线塔对地应是绝缘的,宜在塔基设有绝缘子,桅杆天线底部与大地之间安装球形放电间隙。桅杆天线必须自桅杆中心向外呈辐射状敷设接地网,地网相邻导体间夹角应相等。导体的数量及每根导体的长度,应根据发射机输出功率及波长确定。短波无线电广播台的天线塔上应装设避雷针并将塔体接地。无线电广播台发射机房内应设置高频接地母线及高频接地极。

5. 雷达站的天线本身可作为防雷接闪器。当另设避雷针或避雷线作为接闪器以保护雷达天线时,应避免其对雷达工作的影响。

6. 微波站、电视差转台、卫星通信地球站、广播电视发射台、雷达测试调试场、移动通信基站等设施的机房屋顶应设避雷网,其网格尺寸不应大于 3 m × 3 m,且应与屋顶四周敷设的闭合环形避雷带焊接连通。机房四周应设雷电流引下线,引下线可利用机房建筑结构柱内的 2 根以上主钢筋,并应与钢筋混凝土屋面板、梁及基础、桩基内的主钢筋相互连通。当天线塔直接位于屋顶上时,天线塔四角应在屋顶与雷电流引下线分别就近连通。机房外应围绕机房敷设闭合环形水平接地体并在四角与机房接地网连通。对于钢筋混凝土楼板的地面和顶面,其楼板内所有结构钢筋应可靠连通,并应与闭合环形接地极连成一体。对于非钢筋混凝土楼板的地面和顶面,应在楼板构造内敷设不大于 1.5 m × 1.5 m 的均压网,并应与闭合环形接地极连成一体。雷达站机房应利用地面、顶面和墙面内钢筋构成网格不大于 200 mm × 200 mm 的笼形屏蔽接地体。

7. 微波站、电视差转台、卫星通信地球站、广播电视发射台、雷达站、雷达测试调试场、移动通信基站等设施机房及电力室内应在墙面、地槽或走线架上敷设环形或排形接地汇集线,机房和电力室接地汇集线之间应采用截面积不小于 40 mm × 4 mm 热镀锌扁钢连接导体相互可靠

连通,并应对称各引出 2 根接地引入导体与机房接地网就近焊接连通。

8.微波站、电视差转台、卫星通信地球站、广播电视发射台、雷达站、雷达测试调试场、移动通信基站等设施的站区内严禁布设架空缆线,进出机房的各类缆线均应采用具有金属外护套的电缆或穿金属导管埋地敷设,其埋地长度不应小于 50 m,两端应与接地网相连接。当其长度大于 60 m 时,中间应接地。电缆在进站房处应将电缆芯线加电浪涌保护器,电缆内的空线应对应接地。

9.雷达测试调试场应埋设环形水平接地体,其地面上应预留接地端子,各种专用车辆的功能接地、保护接地、电源电缆的外皮及馈线屏蔽层外皮,均应采用接地导体以最短路径与接地端子相连。

B.5.2　固定在建筑物上的节日彩灯、航空障碍标志灯及其他用电设备的线路,应采取下列防雷电波侵入措施。

1.无金属外壳或保护网罩的用电设备,应处在接闪器的保护范围内。

2.有金属外壳或保护网罩的用电设备,应将金属外壳或保护网罩就近与屋顶防雷装置相连。

3.从配电盘引出的线路应穿钢导管,钢导管的一端应与配电盘外露可导电部分相连,另一端应与用电设备外露可导电部分及保护罩相连,并应就近与屋顶防雷装置相连,钢导管因连接设备而在中间断开时,应设跨接线,钢导管穿过防雷分区界面时,应在分区界面作等电位联结。

4.在配电盘内,应在开关的电源侧与外露可导电部分之间Ｉ装设浪涌保护器。

B.5.3　对于不装防雷装置的所有建筑物和构筑物,应在进户处将绝缘子铁脚连同铁横担一起接到电气设备的接地网上,并应在室内总配电盘装设浪涌保护器。

B.5.4　严禁在独立避雷针、避雷网、引下线和避雷线支柱上悬挂电话线、广播线和低压架空线等。

B.5.5　屋面露天汽车停车场应采用避雷针、架空避雷线(网)作为接闪器,且应使屋面车辆和人员处于接闪器保护范围内。

B.5.6　粮、棉及易燃物大量集中的露天堆场,宜采取防直击雷措施。当其年计算雷击次数大于或等于 0.06 时,宜采用独立避雷针或架空避雷线防直击雷。独立避雷针和架空避雷线保护范围的滚球半径 h_r,可取 100 m。当计算雷击次数时,建筑物的高度可按堆放物可能堆放的高度计算,其长度和宽度可按可能堆放面积的长度和宽度计算。

B.6　接闪器

B.6.1　不得利用安装在接收无线电视广播的共用天线的杆顶上的接闪器保护建筑物。

B.6.2　建筑物防雷装置可采用避雷针、避雷带(网)、屋顶上的永久性金属物及金属屋面作为接闪器。

B.6.3　避雷针宜采用圆钢或焊接钢管制成,其直径应符合表 B.6.3 的规定。

表 B.6.3　避雷针的直径

针长、部位　　　材料规格	圆钢直径/mm	钢管直径/mm
1 m 以下	≥12	≥20
1~2m	≥16	≥25
烟囱顶上	≥20	≥40

B.6.4　避雷网和避雷带宜采用圆钢或扁钢,其尺寸应符合表 B.6.4 的规定。

表 B.6.4　避雷网、避雷带及烟囱顶上的避雷环规格

针长、部位　　　材料规格	圆钢直径/mm	钢管直径/mm	扁管厚度/mm
避雷网、避雷带	≥8	≥48	≥4
烟囱上的避雷环	≥12	≥100	≥4

B.6.5　对于利用钢板、铜板、铝板等做屋面的建筑物,当符合下列要求时,宜利用其屋面作为接闪器。

1. 金属板之间具有持久的贯通连接;

2. 当金属板需要防雷击穿孔时,钢板厚度不应小于 4 mm,铜板厚度不应小于 5 mm,铝板厚度不应小于 7 mm;

3. 当金属板不需要防雷击穿孔和金属板下面无易燃物品时,钢板厚度不应小于 0.5 mm,铜板厚度不应小于 0.5 mm,铝板厚度不应小于 0.65 mm,锌板厚度不应小于 0.7 mm;

4. 金属板应无绝缘被覆层。

B.6.6　层顶上的永久性金属物宜作为接闪器,但其所有部件之间均应连成电气通路,并应符合下列规定

1. 对于旗杆、栏杆、装饰物等,其规格不应小于本规范第 B.6.2 条和第 B.6.3 条的规定;

2. 钢管、钢罐的壁厚不应小于 2.5 mm,当钢管、钢罐一旦被雷击穿,其介质对周围环境造成危险时,其壁厚不得小于 4 mm。

B.6.7　接闪器应热镀锌,焊接处应涂防腐漆。在腐蚀性较强的场所,还应加大其截面或采取其他防腐措施。

B.6.8　接闪器的布置及保护范围的规定

1. 接闪器应由下列各形式之一或任意组合而成。

(1)独立避雷针;

(2)直接装设在建筑物上的避雷针、避雷带或避雷网。

2. 布置接闪器时应优先采用避雷网、避雷带或采用避雷针,并应按表 B.6.7 规定的不同建筑防雷类别的滚球半径 h_r,采用滚球法计算接闪器的保护范围。

注:滚球法是以 h_r 为半径的一个球体,沿需要防直击雷的部位滚动,当球体只触及接闪器(包括利用作为接闪器的金属物)或接闪器和地面(包括与大地接触能承受雷击的金属物)而不触及需要保护的部位时,则该部分就得到接闪器的保护。滚球法确定接闪器的保护范围应符合现行国家标准《建筑物防雷设计规范》GB 50057 附录的规定。

表 B. 6. 7　按建筑物的防雷类别布置接闪器

建筑物防雷类别	滚球半径 h_r/m	避雷网尺寸
第二类防雷建筑物	45	≤10 m×10 m 或≤12 m×8 m
第三类防雷建筑物	60	≤20 m×20 m 或≤24 m×16 m

B. 7　引下线

B. 7. 1　建筑物防雷装置宜利用建筑物钢筋混凝土中的钢筋或采用圆钢、扁钢作为引下线。

B. 7. 2　引下线宜采用圆钢或扁钢。当采用圆钢时，直径不应小于 8 mm。当采用扁钢时，截面不应小于 48 mm²，厚度不应小于 4 mm。

对于装设在烟囱上的引下线，圆钢直径不应小于 12 mm，扁钢截面不应小于 100 mm² 且厚度不应小于 4 mm。

B. 7. 3　除利用混凝土中钢筋作引下线外，引下线应热镀锌，焊接处应涂防腐漆。在腐蚀性较强的场所，还应加大截面或采取其他的防腐措施。

B. 7. 4　专设引下线宜沿建筑物外墙明敷设，并应以较短路径接地，建筑艺术要求较高者也可暗敷，但截面应加大一级。

B. 7. 5　建筑物的金属构件、金属烟囱、烟囱的金属爬梯等可作为引下线，其所有部件之间均应连成电气通路。

B. 7. 6　采用多根专设引下线时，宜在各引下线距地面 1.8 m 以下处设置断接卡。

当利用钢筋混凝土中的钢筋、钢柱作为引下线并同时利用基础钢筋作为接地网时，可不设断接卡。当利用钢筋作引下线时，应在室内外适当地点设置连接板，供测量接地、接人工接地体和等电位联结用。

当仅利用钢筋混凝土中钢筋作引下线并采用埋于土壤中的人工接地体时，应在每根引下线的距地面不低于 0.5 m 处设接地体连接板。采用埋于土壤中的人工接地体时，应设断接卡，其上端应与连接板或钢柱焊接。连接板处应有明显标志。

B. 7. 7　利用建筑钢筋混凝土中的钢筋作为防雷引下线时，其上部应与接闪器焊接，下部在室外地坪下 0.8~1 m 处，宜焊出一根直径为 12 mm 或 40 mm×4 mm 镀锌钢导体，此导体伸出外墙的长度不宜小于 1 m，作为防雷引下线的钢筋的要求

1. 当钢筋直径大于或等于 16 mm 时，应将两根钢筋绑扎或焊接在一起，作为一组引下线；

2. 当钢筋直径大于或等于 10 mm，且小于 16 mm 时，应利用四根钢筋绑扎或焊接作为一组引下线。

B. 7. 8　当建筑物、构筑物钢筋混凝土内的钢筋具有贯通性连接并符合本规范第 B. 7. 7 条要求时，竖向钢筋可作为引下线；当横向钢筋与引下线有可靠连接时，横向钢筋可作为均压环。

B. 7. 9　在易受机械损坏的地方，地面上 1.7 m 至地面下 0.3 m 的引下线应加保护设施。

B. 8　接地网

B. 8. 1　民用建筑宜优先利用钢筋混凝土中的钢筋作为防雷接地网，当不具备条件时，宜

采用圆钢、钢管、角钢或扁钢等金属体作人工接地极。

　　B.8.2　垂直埋设的接地极,宜采用圆钢、钢管、角钢等。水平埋设的接地极宜采用扁钢、圆钢等。人工接地极的最小尺寸应符合本规范表12.5.1的规定。

　　B.8.3　接地极及其连接导体应热镀锌,焊接处应涂防腐漆。在腐蚀性较强的土壤中,还应适当加大其截面或采取其他防腐措施。

　　B.8.4　垂直接地体的长宜为2.5 m。垂直接地极间的距离及水平接地极间的距离宜为5 m,当受场所限制时可减小。

　　B.8.5　接地极埋设深度不宜小于0.6 m,接地极应远离由于高温影响使土壤电阻率升高的地方。

　　B.8.6　当防雷装置引下线大于或等于两根时,每根引下线的冲击接地电阻均应满足对该建筑物所规定的防直击雷冲击接地电阻值。

　　B.8.7　为降低跨步电压,防直击雷的人工接地网距建筑物入口处及人行道不宜小于3 m,当小于3 m时,应采取下列措施之一:

　　1.水平接地极局部深埋不应小于1 m;

　　2.水平接地极局部应包以绝缘物;

　　3.宜采用沥青碎石地面或在接地网上面敷设50~80 mm沥青层,其宽度不宜小于接地网两侧各2 m。

　　B.8.8　当基础采用以硅酸盐为基料的水泥和周围土壤的含水率不低于4%以及基础的外表面无防腐层或有沥青质的防腐层时,钢筋混凝土基础内的钢筋宜作为接地网,并应符合下列要求

　　1.每根引下线处的冲击接地电阻不宜大于51 Ω;

　　2.利用基础内钢筋网作为接地体时,每根引下线在距地面0.5 m以下的钢筋表面积总和,对第二类防雷建筑物不应少于$4.24K_c^2(\mathrm{m}^2)$,对第三类防雷建筑物不应少于$1.89K_c^2(\mathrm{m}^2)$。

　　注:K_c为分流系数,取值与本规范第B.3.5条中的取值一致。

　　B.8.9　当采用敷设在钢筋混凝土中的单根钢筋或圆钢作为防雷装置时,钢筋或圆钢的直径不应小于10 mm。

　　B.8.10　沿建筑物外面四周敷设成闭合环状的水平接地体,可埋设在建筑物散水以外的基础槽边。

　　B.8.11　防雷装置的接地电阻,应考虑在雷雨季节,土壤干、湿状态的影响。

　　B.8.12　在高土壤电阻率地区,宜采用下列方法降低防雷接地网的接地电阻:

　　1.可采用多支线外引接地网,外引长度不应大于有效长度$(2\sqrt{\rho})$;

　　2.可将接地体埋于较深的低电阻率土壤中,也可采用井式或深钻式接地极;

　　3.可采用降阻剂,降阻剂应符合环保要求;

　　4.可换土;

　　5.可敷设水下接地网。

B.9　防雷击电磁脉冲

　　B.9.1　建筑物防雷击电磁脉冲设计的规定

　　1.电子信息系统是否需要防雷击电磁脉冲,应根据防雷区及设备要求进行损失评估及经

济分析综合考虑,做到安全、适用、经济。

2. 对于未装设防雷装置的建筑物,当电子信息系统需防雷击电磁脉冲时,该建筑物宜按第三类防雷建筑物采取防雷措施,接闪器宜采用避雷带(网)。

3. 当工程设计阶段不明确电子信息系统的规模和具体设置且预计将设置电子信息系统时,应在设计时将建筑物金属构架、混凝土钢筋等自然构件、金属管道、电气的保护接地系统等与防雷装置连成共用接地系统,并应在适当地方预埋等电位联结板。

4. 建筑物内电子信息系统应根据所在地雷暴日、设备所在的防雷区及系统对雷击电磁脉冲的抗扰度,采取相应的屏蔽、接地、等电位联结及装设浪涌保护器等防护措施。

5. 根据电磁场强度的衰减情况,防雷区可划分为 $LPZ0_A$,$LPZ0_B$,$LPZ1$ 及 $LPZn+1$ 区。分区原则应符合现行国家标准《建筑物防雷设计规范》GB 50057 的规定。

6. 建筑物电子信息系统应根据信息系统所处环境进行雷击风险评估,可按信息系统的重要性和使用性质,将信息系统防雷击电磁脉冲防护等级划分为 A、B、C、D 四级,并应符合下列规定

(1)根据建筑物电子信息系统所处环境进行风险评估时可按下式计算防雷装置的拦截效率,确定防护等级

$$E = 1 - N_c/N \qquad\qquad (B.9.1)$$

式中　E——防雷装置的拦截效率;

　　　　N_c——直击雷和雷击电磁脉冲引起信息系统设备损坏的可接受的年平均雷击次数(次/a);

　　　　N——建筑物及人户设施年预计雷击次数(次/a)。

当 N 小于或等于 N_c 时,可不安装雷电防护装置;

当 N 大于 N_c 时,应安装雷电防护装置;

当 E 大于 0.98 时,应为 A 级;

当 E 大于 0.90,小于或等于 0.98 时,应为 B 级;

当 E 大于 0.80,小于或等于 0.90 时,应为 C 级;

当 E 小于或等于 0.80 时,应为 D 级。

(2)按建筑物电子系统的重要性和使用性质确定的防护等级应符合表 B.9.1 的规定;

表 B.9.1　雷击电磁脉冲防护等级

雷击电磁脉冲防护等级	设置电子信息系统的建筑物
A 级	1 大型计算中心、大型通信枢纽、国家金融中心、银行、机场、大型港口、火车枢纽站等 2 甲级安全防范系统,如国家文物,档案馆的闭路电视监控和报警系统 3 大型电子医疗设备、五星级宾馆

表 B.9.1（续）

雷击电磁脉冲防护等级	设置电子信息系统的建筑物
B 级	1 中型计算中心、中型通信枢纽、移动通信基站、大型体育馆监控系统、证券中心 2 省级安全防范系统，如省级文物，档案馆的闭路电视监控和报警系统 3 雷达站、微波站、高速公路监控和收费系统 4 中型电子医疗设备 5 四星级宾馆
C 级	1 小型通信枢纽、电信局 2 大中型有线电视系统 3 三星级以下宾馆
D 级	除上述 A、B、C 级以外的电子信息设备

（3）当采用上述两种方法确定的防护等级不相同时，宜按较高级别确定。

B.9.2　为减少雷击电磁脉冲的干扰，宜在建筑物和被保护房间的外部设屏蔽、合理选择敷设线路路径及线路屏蔽等措施，并应符合下列规定

1. 建筑物金属屋顶、立面金属表面、钢柱、钢梁、混凝土内钢筋和金属门窗框架等大尺寸金属件，应作等电位联结并与防雷装置相连；

2. 在需要保护的空间内，当采用屏蔽电缆时，其屏蔽层应在两端及在防雷区交界处作等电位联结；当系统要求只在一端作等电位联结时，应采用两层屏蔽，外层屏蔽按前述要求处理；

3. 两个建筑物之间的非屏蔽电缆应敷设在金属导管内，导管两端应电气贯通，并应连接到各自建筑物的等电位联结带上；

4. 当建筑物或房间的大屏蔽空间由金属框架或钢筋混凝土的钢筋等自然构件组成时，穿入该屏蔽空间的各种金属管道及导电金属物应就近作等电位联结；

5. 每幢建筑物本身应采用共用接地网；当互相邻近的建筑物之间有电力和通信电缆连通时，宜将其接地网互相连接。

B.9.3　穿过各防雷区界面的金属物和系统，以及在一个防雷区内部的金属物和系统均应在界面处作等电位联结，并符合下列要求

1. 所有进入建筑物的外来导电物均应在 $LPZ0_A$ 或 $LPZ0_B$ 与 $LPZ1$ 的界面处作等电位联结；当外来导电物、电力线、通信线在不同地点进入建筑物时，宜分别设置等电位联结端子箱，并应将其就近连接到接地网；

2. 建筑物金属立面、钢筋等屏蔽构件宜每隔 5 m 与环形接地体或内部环形导体连接一次；

3. 电子信息系统的各种箱体、壳体、机架等金属组件应与建筑物的共用接地网作等电位联结。

B.9.4　低压配电系统及电子信息系统信号传输线路在穿过各防雷区界面处，宜采用浪涌保护器（SPD）保护，并应符合下列规定

1. 当上级浪涌保护器为开关型 SPD，次级 SPD 采用限压型 SPD 时，两者之间的线路长度应大于 10 m。当上级与次级浪涌保护器均采用限压型 SPD 时，两者之间的线路长度应大于 5 m。除采用能量自动控制型组合 SPD 外，当上级与次级浪涌保护器之间的线路长度不能满

足要求时,应加装退耦装置。

2.浪涌保护器必须能承受预期通过的雷电流,并应符合下列要求

(1)浪涌保护器应能熄灭在雷电流通过后产生的工频续流;

(2)浪涌保护器的最大钳压加上其两端引线的感应电压之和,应与其保护对象所属系统的基本绝缘水平和设备允许的最大浪涌电压相配合,并应小于被保护设备的耐冲击过电压值,不宜大于被保护设备耐冲击过电压额定值的80%。

当无法获得设备的耐冲击过电压时,220 V/380 V 三相配电系统设备的绝缘耐冲击过电压额定值可按表 B.9.4-1 选用。

表 B.9.4-1　1 220/380 V 三相系统各种设备绝缘冲击过电压额定值

设备位置	电源处的设备	配电线路和最后分支线路的设备	用电设备	特殊需要保护的设备
耐冲击过电压类别	IV 类	III 类	II 类	I 类
耐冲击电压额定值/kV	6	4	2.5	1.5

注:1. II 类—需要将瞬态过电压限制到特定水平的设备;

2. II 类—如家用电器、手提工具和类似负荷;

3. III 类—如配电盘,断路器,包括电缆、母线、分线盒、开关、插座等的布线系统,以及应用于永久至固定装置的固定安装的电动机等一些其他设备;

4. IV 类—如电气计量仪表、一次线过流保护设备、波纹控制设备。

3.220 V/380 V 三相系统中的浪涌保护器的设置,应与接地形式及接线方式一致,且其最大持续运行电压 U_c 的规定

(1)TT 系统中浪涌保护器安装在剩余电流保护器的负荷侧时,U_c 不应小于 $1.55U_0$;当浪涌保护器安装在剩余电流保护器的电源侧时,U_c 不应小于 $1.15U_0$;

(2)TN 系统中,U_c 不应小于 $1.15U_0$;

(3)IT 系统中,U_c 不应小于 $1.15U$(U 为线间电压)。

注:U_0 是低压系统相导体对中性导体的标称电压,在 220 V/380 V 三相系统中,$U_0 = 220$ V。

4.配电线路用 SPD 应根据工程的防护等级和安装位置对 SPD 的标称导通电压、标称放电电流、冲击通流容量、限制电压、残压等参数进行选择。用于配电线路 SPD 最大放电电流参数,应符合表 B.9.4-2 的规定。

表 B.9.4-2　配电线路 SPD 最大放电电流参数

防护等级	LPZ0 与 LPZ1 交界处		后续防雷去交界处			直流电源最大放电电流/kA
	第一级最大放电电流/kA		第二级最大放电电流/kA	第三级最大放电电流/kA	第四级最大放电电流/kA	
	(10/350 μs)	(8/20 μs)	(8/20 μs)	(8/20 μs)	(8/20 μs)	(8/20 μs)
A 级	≥20	≥80	≥40	≥20	≥10	≥10

B 级	≥15	≥60	≥40	≥20	—	直流配电系统中根据线路长度和工作电压选用最大放电电流 ≥10 kA 适配的 SPD
C 级	≥12.5	≥50	≥20	—	—	
D 级	≥12.5	≥50	≥10	—	—	

注:配电线路用 SPD 应具有 SPD 损坏告警、热容和过流保护、保险跳闸告警、遥信等功能;SPD 的外封装材料应为阻燃材料。

5. 信息系统的信号传输线路 SPD,应根据线路工作频率、传输介质、传输速率、工作电压、接口形式、阻抗特性等参数,选用电压驻波比和插入损耗小的适配的产品,并应符合表 B.9.4-3 和表 B.9.4-4 的规定。

6. 各种计算机网络数据线路上的 SPD,应根据被保护设备的工作电压、接口形式、特性阻抗、信号传输速率或工作频率等参数选用插入损耗低的适配的产品,并应符合表 B.9.4-3 和表 B9.4-4 的规定。

表 B.9.4-3　信号线路 SPD 性能参数

参数要求　　缆线类型	非屏蔽双绞线	屏蔽双绞线	同轴电缆
标称导通电压	$\geq 1.2 U_n$	$\geq 1.2 U_n$	$\geq 1.2 U_n$
测试波形	(1.2/50 μs,8/20 μs) 混合波	(1.2/50 μs,8/20 μs) 混合波	(1.2/50 μs,8/20 μs) 混合波
标称导放电电流/kA	≥1.0	≥0.5	≥3.0

注:U_n 为额定工作电压。

表 B.9.4-4　信号线、天馈线路 SPD 性能参数

名称	插入损耗 ≤(dB)	电压驻波比 ≤	响应时间 ≤(ns)	特性阻抗 /Ω	传输速率 /(bit/s)	工作频率 /MHz	接口形式
数值	0.5	1.3	10	≥1.5 倍系统平均功率	应满足系统要求	应满足系统要求	应满足系统要求

注:信号线用 SPD 应满足信号传输速率及带宽的需要,其接口应与被保护设备兼容。

7. 应在各防雷区界面处作等电位联结。当由于工艺要求或其他原因,被保护设备位置不在界面处,且线路能承受所发生的浪涌电压时,SPD 可安装在被保护设备处,线路的金属保护层或屏蔽层,宜在界面处作等电位联结。

8. SPD 安装线路上应有过电流保护器件,该器件应由 SPD 厂商配套,宜选用有劣化显示功能的 SPD。

9. 浪涌保护器连接导线应短而直,引线长度不宜超过 0.5 m。

10. 建筑物电子信息系统机房内的电源严禁采用架空线路直接引入。

B.9.5　当电子信息系统设备由 TN 交流配电系统供电时,其配电线路必须采用 TN-S 系统的接地形式。

附录 C 《民用建筑电气设计规范——接地和特殊场所的安全防护》

C.1 一般规定

C.1.1 本章适用于交流标称电压 10 kV 及以下用电设备的接地配置及特殊场所的安全防护设计。

C.1.2 用电设备的接地可分为保护性接地和功能性接地。

C.1.3 用电设备保护接地设计,根据工程特点和地质状况确定合理的系统方案。

C.1.4 不同电压等级用电设备的保护接地和功能接地,宜采用共用接地网;除有特殊要求外,电信及其他电子设备等非电力设备也可采用共用接地网。接地网的接地电阻应符合其中设备最小值的要求。

C.1.5 每个建筑物均应根据自身特点采取相应的等电位联结。

C.2 低压配电系统的接地形式和基本要求

C.2.1 低压配电系统的接地形式可分为 TN,TT,IT 三种系统,其中 TN 系统又可分为 TN-C,TN-S,TN-C-S 三种形式。

C.2.2 TN 系统的基本要求

1. 在 TN 系统中,配电变压器中性点应直接接地。所有电气设备的外露可导电部分应采用保护导体(PE)或保护接地中性导体(PEN)与配电变压器中性点相连接。

2. 保护导体或保护接地中性导体应在靠近配电变压器处接地,且应在进入建筑物处接地。对于高层建筑等大型建筑物,为在发生故障时,保护导体的电位靠近地电位,需要均匀地设置附加接地点。附加接地点可采用有等电位效能的人工接地极或自然;接地极等外界可导电体。

3. 保护导体上不应设置保护电器及隔离电器,可设置供测试用的只有用工具才能断开的接点。

4. 保护导体单独敷设时,应与配电干线敷设在同一桥架上,并应靠近安装。

C.2.3 采用 TN-C-S 系统时,当保护导体与中性导体从某点分开后不应再合并,且中性导体不应再接地。

C.2.4 TT 系统的基本要求

1. 在 TT 系统中,配电变压器中性点应直接接地。电气设备外露可导电部分所连接的接地极不应与配电变压器中性点的接地极相连接。

2. TT 系统中,所有电气设备外露可导电部分宜采用保护导体与共用的接地网或保护接地母线、总接地端子相连。

3. TT 系统配电线路的接地故障保护,应符合本规范第 7 章的有关规定。

C.2.5 IT 系统应的基本要求

1. 在 IT 系统中,所有带电部分应对地绝缘或配电变压器中性点应通过足够大的阻抗接地。电气设备外露可导电部分可单独接地或成组地接地。

2. 电气设备的外露可导电部分应通过保护导体或保护接地母线、总接地端子与接地极连接。

3. IT 系统必须装设绝缘监视及接地故障报警或显示装置。

4. 在无特殊要求的情况下,IT 系统不宜引出中性导体。

C.2.6 IT 系统中包括中性导体在内的任何带电部分严禁直接接地。IT 系统中的电源系统对地应保持良好的绝缘状态。

C.2.7 应根据系统安全保护所具备的条件,并结合工程实际情况,确定系统接地形式。在同一低压配电系统中,当全部采用 TN 系统确有困难时,也可部分采用 TT 系统接地形式。采用 TT 系统供电部分均应装设能自动切除接地故障的装置(包括剩余电流动作保护装置)或经由隔离变压器供电。自动切除故障的时间,应符合本规范第 7 章的有关规定。

C.3 保护接地范围

C.3.1 除另有规定外,下列电气装置的外露可导电部分均应接地

1. 电机、电器、手持式及移动式电器;

2. 配电设备、配电屏与控制屏的框架;

3. 室内、外配电装置的金属构架、钢筋混凝土构架的钢筋及靠近带电部分的金属围栏等;

4. 电缆的金属外皮和电力电缆的金属保护导管、接线盒及终端盒;

5. 建筑电气设备的基础金属构架;

6. Ⅰ类照明灯具的金属外壳。

C.3.2 对于在使用过程中产生静电并对正常工作造成影响的场所,宜采取防静电接地措施。

C.3.3 除另有规定外,下列电气装置的外露可导电部分可不接地

1. 干燥场所的交流额定电压 50 V 及以下和直流额定电压 110 V 及以下的电气装置;

2. 安装在配电屏、控制屏已接地的金属框架上的电气测量仪表、继电器和其他低压电器;安装在已接地的金属框架上的设备;

3. 当发生绝缘损坏时不会引起危及人身安全的绝缘子底座。

C.3.4 下列部分严禁保护接地

1. 采用设置绝缘场所保护方式的所有电气设备外露可导电部分及外界可导电部分;

2. 采用不接地的局部等电位联结保护方式的所有电气设备外露可导电部分及外界可导电部分;

3. 采用电气隔离保护方式的电气设备外露可导电部分及外界可导电部分;

4. 在采用双重绝缘及加强绝缘保护方式中的绝缘外护物里面的可导电部分。

C.3.5 当采用金属接线盒、金属导管保护或金属灯具时,交流 220 V 照明配电装置的线路,宜加穿 1 根 PE 保护接地绝缘导线。

C.4 接地要求和接地电阻

C.4.1 交流电气装置的接地的规定

1. 当配电变压器高压侧工作小于电阻接地系统时,保护接地网的接地电阻的要求

$$R \leqslant 2000/I$$

（C.4.1-1）

式中　R——考虑到季节变化的最大接地电阻(Ω)；

　　　I——计算用的流经接地网的入地短路电流(A)。

　　2. 当配电变压器高压侧工作于不接地系统时,电气装置的接地电阻的要求

　　(1)高压与低压电气装置共用的接地网的接地电阻应符合下式要求,且不宜超过 4 Ω

$$R \leqslant 120/I \tag{C.4.1-2}$$

　　(2)仅用于高压电气装置的接地网的接地电阻应符合下式要求,且不宜超过

$$100R \leqslant 250/I \tag{C.4.1-3}$$

式中　R——考虑到季节变化的最大接地电阻(Ω)；

　　　I——计算用的接地故障电流(A)。

　　3. 在中性点经消弧线圈接地的电力网中,当接地网的接地电阻按本规范式(C.4.1-2)、(C.4.1-3)计算时,接地故障电流取值

　　(1)对装有消弧线圈的变电所或电气装置的接地网,其计算电流应为接在同一接地网中同一电力网各消弧线圈额定电流总和的 1.25 倍；

　　(2)对不装消弧线圈的变电所或电气装置,计算电流应为电力网中断开最大一台消弧线圈时最大可能残余电流,并不得小于 30 A。

　　4. 在高土壤电阻率地区,当接地网的接地电阻达到上述规定值,技术经济不合理时,电气装置的接地电阻可提高到 30 Ω,变电所接地网的接地电阻可提高到 15 Ω,但应符合本规范第 C.6.1 条的要求。

　　C.4.2　低压系统中,配电变压器中性点的接地电阻不宜超过 4 Ω。高土壤电阻率地区,当达到上述接地电阻值困难时,可采用网格式接地网,但应满足本规范第 C.6.1 条的要求。

　　C.4.3　配电装置的接地电阻的规定

　　1. 当向建筑物供电的配电变压器安装在该建筑物外时规定

　　(1)对于配电变压器高压侧工作于不接地、消弧线圈接地和高电阻接地系统,当该变压器的保护接地网的接地电阻符合公式(C.4.3)要求且不超过 4 Ω 时,低压系统电源接地点可与该变压器保护接地共用接地网。电气装置的接地电阻的要求

$$R \leqslant 50/I \tag{C.4.3}$$

式中　R——考虑到季节变化时接地网的最大接地电阻(Ω)；

　　　I——单相接地故障电流；消弧线圈接地系统为故障点残余电流。

　　(2)低压电缆和架空线路在引入建筑物处,对于 TN-S 或 TN-C-S 系统,保护导体(PE)或保护接地中性导体(PEN)应重复接地,接地电阻不宜超过 10 Ω;对于 TT 系统,保护导体(PE)单独接地,接地电阻不宜超过 4 Ω；

　　(3)向低压系统供电的配电变压器的高压侧工作于小电阻接地系统时,低压系统不得与电源配电变压器的保护接地共用接地网,低压系统电源接地点应在距该配电变压器适当的地点设置专用接地网,其接地电阻不宜超过 4 Ω。

　　2. 向建筑物供电的配电变压器安装在该建筑物内时的规定

　　(1)对于配电变压器高压侧工作于不接地、消弧线圈接地和高电阻接地系统,当该变压器保护接地的接地网的接地电阻不大于 4 Ω 时,低压系统电源接地点可与该变压器保护接地共用接地网；

　　(2)配电变压器高压侧工作于小电阻接地系统,当该变压器的保护接地网的接地电阻符

合本规范公式(C.4.1-1)的要求且建筑物内采用总等电位联结时,低压系统电源接地点可与该变压器保护接地共用接地网。

C.4.4　保护配电变压器的避雷器,应与变压器保护接地共用接地网。

C.4.5　保护配电柱上的断路器、负荷开关和电容器组等的避雷器,其接地导体应与设备外壳相连,接地电阻不应大于 10 Ω。

C.4.6　TT 系统中,当系统接地点和电气装置外露可导电部分已进行总等电位联结时,电气装置外露可导电部分可不另设接地网;当未进行总等电位联结时,电气装置外露可导电部分应设保护接地的接地网,其接地电阻的要求

$$R \leqslant 50/I_a \qquad\qquad (C.4.6\text{-}1)$$

式中　R——考虑到季节变化时接地网的最大接地电阻(Ω);

　　　I_a——保证保护电器切断故障回路的动作电流(A)。

当采用剩余动作电流保护器时,接地电阻的要求

$$R \leqslant 25 I_{\Delta n} \qquad\qquad (C.4.6\text{-}2)$$

式中 $I_{\Delta n}$ 为剩余动作电流保护器动作电流(mA)。

C.4.7　IT 系统的各电气装置外露可导电部分的保护接地可共用接地网,亦可单个地或成组地用单独的接地网接地。每个接地网的接地电阻的要求

$$R \leqslant 50/I_d \qquad\qquad (C.4.7)$$

式中　R——考虑到季节变化时接地网的最大接地电阻(Ω);

　　　I_d——相导体和外露可导电部分间第一次短路故障故障电流(A)。

C.4.8　建筑物的各电气系统的接地宜用同一接地网。接地网的接地电阻应符合其中最小值的要求。

C.4.9　架空线和电缆线路的接地的规定

1. 在低压 TN 系统中,架空线路干线和分支线的终端的 PEN 导体或 PE 导体应重复接地。电缆线路和架空线路在每个建筑物的进线处,宜按本规范第 C.2.2 条的规定作重复接地。在装有剩余电流动作保护器后的 PEN 导体不允许设重复接地。除电源中性点外,中性导体(N),不应重复接地。

低压线路每处重复接地网的接地电阻不应大于 10 Ω。在电气设备的接地电阻允许达到 10 Ω 的电力网中,每处重复接地的接地电阻值不应超过 30 Ω,且重复接地不应少于 3 处。

2. 在非沥青地面的居民区内,10(6) kV 高压架空配电线路的钢筋混凝土电杆宜接地,金属杆塔应接地,接地电阻不宜超过 30 Ω。对于电源中性点直接接地系统的低压架空线路和高低压共杆的线路除出线端装有剩余电流动作保护器者除外,其钢筋混凝土电杆的铁横担或铁杆应与 PEN 导体连接,钢筋混凝土电杆的钢筋宜与 PEN 导体连接。

3. 穿金属导管敷设的电力电缆的两端金属外皮均应接地,变电所内电力电缆金属外皮可利用主接地网接地。当采用全塑料电缆时,宜沿电缆沟敷设 1~2 根两端接地的接地导体。

C.5　接　地　网

C.5.1　接地极的选择与设置的规定

1. 在满足热稳定条件下,交流电气装置的接地极应利用自然接地导体。当利用自然接地导体时,应确保接地网的可靠性,禁止利用可燃液体或气体管道、供暖管道及自来水管道作保

护接地极。

2. 人工接地极可采用水平敷设的圆钢、扁钢,垂直敷设的角钢、钢管、圆钢,也可采用金属接地板。宜优先采用水平敷设方式的接地极。按防腐蚀和机械强度要求,对于埋入土壤中的人工接地极的最小尺寸不应小于表 C.5.1 的规定。

表 C.5.1 人工接地极最小尺寸(mm)

材料及形状	最小尺寸			
	直径/mm	截面积/mm²	厚度/mm	镀层厚度/μm
热镀锌扁钢	—	90	3	63
热镀锌角钢	—	90	3	63
热镀锌深埋钢棒接地极	16	—	—	63
热镀锌钢管	25	—	2	47
带状裸铜	—	50	2	—
裸铜管	20	—	2	—

注:表中所列钢材尺寸也适用于敷设在混凝土中。当与防雷接地网合用时,应符合本规范第 11 章的有关规定。

3. 接地系统的防腐蚀设计的要求

(1)接地系统的设计使用年限宜与地面工程的设计使用年限一致;

(2)接地系统的防腐蚀设计宜按当地的腐蚀数据进行;

(3)敷设在电缆沟的接地导体和敷设在屋面或地面上的接地导体,宜采用热镀锌,对埋入地下的接地极宜采取适合当地条件的防腐蚀措施。接地导体与接地极或接地极之间的焊接点,应涂防腐材料。在腐蚀性较强的场所,应适当加大截面。

C.5.2 在地下禁止采用裸铝导体作接地极或接地导体。

C.5.3 固定式电气装置的接地导体与保护导体的规定

1. 交流接地网的接地导体与保护导体的截面应符合热稳定要求。当保护导体按本规范表 7.4.5-2 选择截面时,可不对其进行热稳定校核。在任何情况下埋入土壤中的接地导体的最小截面均不得小于表 C.5.3 的规定。

表 C.5.3 埋入土壤中的接地导体最小截面(mm²)

有无防腐蚀保护		有防机械损伤保护	无防机械损伤保护
有防腐蚀保护	铜	2.5	16
	钢	10	16
无防腐蚀保护	铜	25	
	钢	50	

2. 保护导体宜采用与相导体相同的材料,也可采用电缆金属外皮、配线用的钢导管或金属

线槽等金属导体。

当采用电缆金属外皮、配线用的钢导管及金属线槽作保护导体时,其电气特性应保证不受机械的、化学的或电化学的损害和侵蚀,其导电性能应满足本规范表7.4.5-2的规定。

3. 不得使用可挠金属电线套管、保温管的金属外皮或金属网作接地导体和保护导体。在电气装置需要接地的房间内,可导电的金属部分应通过保护导体进行接地。

C.5.4 包括配线用的钢导管及金属线槽在内的外界可导电部分,严禁用作 PEN 导体。PEN 导体必须与相导体具有相同的绝缘水平。

C.5.5 接地网的连接与敷设应的规定

1. 对于需进行保护接地的用电设备,应采用单独的保护导体与保护干线相连或用单独的接地导体与接地极相连;

2. 当利用电梯轨道作接地干线时,应将其连成封闭的回路;

3. 变压器直接接地或经过消弧线圈接地、柴油发电机的中性点与接地极或接地干线连接时,应采用单独接地导体。

C.5.6 水平或竖直井道内的接地与保护干线的要求

1. 电缆井道内的接地干线可选用镀锌扁钢或铜排。

2. 电缆井道内的接地干线截面应按下列要求之一进行确定:

(1) 宜满足最大的预期故障电流及热稳定;

(2) 宜根据井道内最大相导体,并按本规范表7.4.5-2选择导体的截面。

3. 电缆井道内的接地干线可兼作等电位联结干线。

4. 高层建筑竖向电缆井道内的接地干线,应不大于20 m与相近楼板钢筋作等电位联结。

C.5.7 接地极与接地导体、接地导体与接地导体的连接宜采用焊接,当采用搭接时,其搭接长度不应小于扁钢宽度的2倍或圆钢直径的6倍。

C.6 通用电力设备接地及等电位联结

C.6.1 配变电所接地配置的规定

1. 确定配变电所接地配置的形式和布置时,应采取措施降低接触电压和跨步电压。

在小电流接地系统发生单相接地时,可不迅速切除接地故障,配变电所、电气装置的接地配置上最大接触电压和最大跨步电压的要求

$$E_{jm} \leqslant 50 + 0.05\rho_b \qquad (C.6.14\text{-}1)$$

$$E_{km} \leqslant 50 + 0.2\rho_b \qquad (C.6.14\text{-}2)$$

式中 E_{jm}——接地配置的最大接触电动势(V);

E_{km}——接地配置的最大跨步电动势(V);

ρ_b——人站立处地表面土壤电阻率($\Omega \cdot m$)。

在环境条件特别恶劣的场所,最大接触电压和最大跨步电压值宜降低。

当接地配置的最大接触电压和最大跨步电压较大时,可敷设高电阻率地面结构层或深埋接地网。

2. 除利用自然接地极外,配变电所的接地网还应敷设人工接地极。但对10 kV及以下配变电所利用建筑物基础作接地极的接地电阻能满足规定值时,可不另设人工接地极。

3. 人工接地网外缘宜闭合,外缘各角应做成弧形。对经常有人出入的走道处,应采用高电

阻率路面或采取均压措施。

C.6.2　手持式电气设备应采用专用保护接地芯导体,且该芯导体严禁用来通过工作电流。

C.6.3　手持式电气设备的插座上应备有专用的接地插孔。金属外壳的插座的接地插孔和金属外壳应有可靠的电气连接。

C.6.4　移动式电力设备接地的规定

1.由固定式电源或移动式发电机以 TN 系统供电时,移动式用电设备的外露可导电部分应与电源的接地系统有可靠的电气连接。在中性点不接地的 IT 系统中,可在移动式用电设备附近设接地网。

2.移动式用电设备的接地应符合固定式电气设备的接地要求。

3.移动式用电设备在下列情况可不接地:

(1)移动式用电设备的自用发电设备直接放在机械的同一金属支架上,且不供其他设备用电时;

(2)不超过两台用电设备由专用的移动发电机供电,用电设备距移动式发电机不超过50 m,且发电机和用电设备的外露可导电部分之间有可靠的电气连接时。

C.6.5　在高土壤电阻率地区,可按本规范第11.8.12 条的规定降低电气装置接地电阻值。

C.6.6　等电位联结的规定

1.总等电位联结的规定

(1)民用建筑物内电气装置应采用总等电位联结。下列导电部分应采用总等电位联结导体可靠连接,并应在进入建筑物处接向总等电位联结端子板:

——PE(PEN)干线;

——电气装置中的接地母线;

——建筑物内的水管、燃气管、采暖和空调管道等金属管道;

——可以利用的建筑物金属构件。

(2)下列金属部分不得用作保护导体或保护等电位联结导体:

——金属水管;

——含有可燃气体或液体的金属管道;

——正常使用中承受机械应力的金属结构;

——柔性金属导管或金属部件;

——支撑线。

(3)总等电位联结导体的截面不应小于装置的最大保护导体截面的一半,并不应小于6 mm²。当联结导体采用铜导体时,其截面不应大于25 mm²;当为其他金属时,其截面应承载与25 mm²铜导体相当的载流量。

2.辅助(局部)等电位联结的规定

(1)在一个装置或装置的一部分内,当作用于自动切断供电的间接接触保护不能满足本规范第7.7 节规定的条件时,应设置辅助等电位联结;

(2)辅助等电位联结应包括固定式设备的所有能同时触及的外露可导电部分和外界可导电部分;

（3）连接两个外露可导电部分的辅助等电位导体的截面不应小于接至该两个外露可导电部分的较小保护导体的截面;

（4）连接外露可导电部分与外界可导电部分的辅助等电位联结导体的截面,不应小于相应保护导体截面的一半。

C.7 电子设备、计算机接地

C.7.1　电子设备接地系统的规定

1. 电子设备应同时具有信号电路接地（信号地）、电源接地和保护接地等三种接地系统。

2. 电子设备信号电路接地系统的形式,可根据接地导体长度和电子设备的工作频率进行确定,并应符合下列规定:

（1）当接地导体长度小于或等于 0.02λ（λ 为波长）,频率为 30 kHz 及以下时,宜采用单点接地形式;信号电路可以一点作电位参考点,再将该点连接至接地系统;采用单点接地形式时,宜先将电子设备的信号电路接地、电源接地和保护接地分开敷设的接地导体接至电源室的接地总端子板,再将端子板上的信号电路接地、电源接地和保护接地接在一起,采用一点式（S 形）接地;

（2）当接地导体长度大于 0.02λ,频率大于 300 kHz 时,宜采用多点接地形式;信号电路应采用多条导电通路与接地网或等电位面连接;多点接地形式宜将信号电路接地、电源接地和保护接地接在一个公用的环状接地母线上,采用多点式（M 形）接地;

（3）混合式接地是单点接地和多点接地的组合,频率为 30 ~ 300 kHz 时,宜设置一个等电位接地平面,以满足高频信号多点接地的要求,再以单点接地形式连接到同一接地网,以满足低频信号的接地要求;

（4）接地系统的接地导体长度不得等于 $\lambda/4$ 或 $\lambda/4$ 的奇数倍。

3. 除另有规定外,电子设备接地电阻值不宜大于 4 Ω。电子设备接地宜与防雷接地系统共用接地网,接地电阻不应大于 1 Ω。

当电子设备接地与防雷接地系统分开时,两接地网的距离不宜小于 10 m。

4. 电子设备可根据需要采取屏蔽措施。

C.7.2　大、中型电子计算机接地系统的规定

1. 电子计算机应同时具有信号电路接地、交流电源功能接地和安全保护接地等三种接地系统;该三种接地的接地电阻值均不宜大于 4 Ω。电子计算机的信号系统,不宜采用悬浮接地。

2. 电子计算机的三种接地系统宜共用接地网。当采用共用接地方式时,其接地电阻应以诸种接地系统中要求接地电阻最小的接地电阻值为依据。当与防雷接地系统共用时,接地电阻值不应大于 1 Ω。

3. 计算机系统接地导体的处理要求

（1）计算机信号电路接地不得与交流电源的功能接地导体相短接或混接;

（2）交流线路配线不得与信号电路接地导体紧贴或近距离地平行敷设。

4. 电子计算机房可根据需要采取防静电措施。

C.8　医疗场所的安全防护

C.8.1　本节适用于对患者进行诊断、治疗、整容、监测和护理等医疗场所的安全防护设计。

C.8.2　医疗场所应按使用接触部件所接触的部位及场所分为0、1、2三类,各类的规定

0类场所应为不使用接触部件的医疗场所;

1类场所应为接触部件接触躯体外部及除2类场所规定外的接触部件侵入躯体的任何部分;

2类场所应为将接触部件用于诸如心内诊疗术、手术室以及断电将危及生命的重要治疗的医疗场所。

C.8.3　医疗场所的安全防护的规定

1.在1类和2类的医疗场所内,当采用安全特低电压系统(SELV)、保护特低电压系统(PELV)时,用电设备的标称供电电压不应超过交流方均根值25 V和无纹波直流60 V;

2.在1类和2类医疗场所,IT、TN和TT系统的约定接触电压均不应大于25 V;

3.TN系统在故障情况下切断电源的最大分断时间230 V应为0.2 s,400 V应为0.05 s。IT系统最大分断时间230 V应为0.2 s。

C.8.4　医疗场所采用TN系统供电时的规定

1.TN-C系统严禁用于医疗场所的供电系统。

2.在1类医疗场所中额定电流不大于32 A的终端回路,应采用最大剩余动作电流为30 mA的剩余电流动作保护器作为附加防护。

3.在2类医疗场所,当采用额定剩余动作电流不超过30 mA的剩余电流动作保护器作为自动切断电源的措施时,应只用于下列回路:

(1)手术台驱动机构的供电回路;

(2)移动式X光机的回路;

(3)额定功率大于5 kVA的大型设备的回路;

(4)非用于维持生命的电气设备回路。

4.应确保多台设备同时接入同一回路时,不会引起剩余电流动作保护器(RCD)误动作。

C.8.5　TT系统要求在所有情况下均应采用剩余电流保护器,其他要求应与TN系统相同。

C.8.6　医疗场所采用IT系统供电时的规定

1.在2类医疗场所内,用于维持生命、外科手术和其他位于"患者区域"内的医用电气设备和系统的供电回路,均应采用医疗IT系统。

2.用途相同且相毗邻的房间内,至少应设置一回独立的医疗IT系统。医疗IT系统应配置一个交流内阻抗不少于100 kΩ的绝缘监测器并满足下列要求:

(1)测试电压不应大于直流25 V;

(2)注入电流的峰值不应大于1 mA;

(3)最迟在绝缘电阻降至50 kΩ时,应发出信号,并应配置试验此功能的器具。

3.每个医用IT系统应设在医务人员可以经常监视的地方,并应装设配备有下列功能组件的声光报警系统:

（1）应以绿灯亮表示工作正常；

（2）当绝缘电阻下降到最小整定值时，黄灯应点亮，且应不能消除或断开该亮灯指示；

（3）当绝缘电阻下降到最小整定值时，可音响报警动作，该音响报警可解除；

（4）当故障被清除恢复正常后，黄色信号应熄灭。当只有一台设备由单台专用的医疗 IT 变压器供电时，该变压器可不装设绝缘监测器。

4. 医疗 IT 变压器应装设过负荷和过热的监测装置。

C.8.7　医疗及诊断电气设备，应根据使用功能要求采用保护接地、功能接地、等电位联结或不接地等形式。

C.8.8　医疗电气设备的功能接地电阻值应按设备技术要求确定，宜采用共用接地方式。当必须采用单独接地时，医疗电气设备接地应与医疗场所接地绝缘隔离，两接地网的地中距离应符合本规范第 C.7.1 条的规定。

C.8.9　向医疗电气设备供电的电源插座结构应符合本规范第 C.6.2 条和第 C.6.3 条的规定。

C.8.10　辅助等电位联结的规定

1. 在 1 类和 2 类医疗场所内，应安装辅助等电位联结导体，并应将其连接到位于"患者区域"内的等电位联结母线上，实现下列部分之间等电位：

（1）保护导体；

（2）外界可导电部分；

（3）抗电磁场干扰的屏蔽物；

（4）导电地板网格；

（5）隔离变压器的金属屏蔽层。

2. 在 2 类医疗场所内，电源插座的保护导体端子、固定设备的保护导体端子或任何外界可导电部分与等电位联结母线之间的导体的电阻不应超过 0.2 Ω。

3. 等电位联结母线宜位于医疗场所内或靠近医疗场所。在每个配电盘内或在其附近应装设附加的等电位联结母线，并应将辅助等电位导体和保护接地导体与该母线相连接。连接的位置应使接头清晰易见，并便于单独拆卸。

4. 当变压器以额定电压和额定频率供电时，空载时出线绕组测得的对地泄漏电流和外护物的泄漏电流均不应超过 0.5 mA。

5. 用于移动式和固定式设备的医疗 IT 系统应采用单相变压器，其额定输出容量不应小于 0.5 kVA，并不应超过 10 kVA。

C.8.11　医疗电气设备的保护导体及接地导体应采用铜芯绝缘导线，其截面应符合本规范第 C.5.3 条的规定。

C.8.12　手术室及抢救室应根据需要采用防静电措施。

C.9　特殊场所的安全防护

C.9.1　本节适用于浴室、游泳池和喷水池及其周围，由于人身电阻降低和身体接触地电位而增加电击危险的安全防护。

C.9.2　浴池的安全防护应符合下列规定：

1. 安全防护应根据所在区域，采取相应的措施。区域的划分应符合本规范附录 D 的规定。

2. 建筑物除应采取总等电位联结外,尚应进行辅助等电位联结。辅助等电位联结应将0,1及2区内所有外界可导电部分与位于这些区内的外露可导电部分的保护导体连接起来。

3. 在0区内,应采用标称电压不超过12 V的安全特低电压供电,其安全电源应设于2区外的地方。

4. 在使用安全特低电压的地方应采取的直接接触防护

(1)应采用防护等级至少为IP2X的遮拦或外护物;

(2)应采用能耐受500 V试验电压历时1 min的绝缘。

5. 不得采取用阻挡物及置于伸臂范围以外的直接接触防护措施;也不得采用非导电场所及不接地的等电位联结的间接接触防护措施。

6. 除安装在2区内的防溅型剃须插座外,各区内所选用的电气设备的防护等级的规定

(1)在0区内应至少为IPX7;

(2)在1区内应至少为IPX5;

(3)在2区内应至少为IPX4(在公共浴池内应为IPX5)。

7. 在0,1及2区内宜选用加强绝缘的铜芯电线或电缆。

8. 在0,1及2区内,非本区的配电线路不得通过;也不得在该区内装设接线盒。

9. 开关和控制设备的装设的要求

(1)0,1及2区内,不应装设开关设备及线路附件;当在2区外安装插座时供电的条件

——可由隔离变压器供电;

——可由安全特低电压供电;

——由剩余电流动作保护器保护的线路供电,其额定动作电流值不应大于30 mA。

(2)开关和插座距预制淋浴间的门口不得小于0.6 m。

10. 当未采用安全特低电压供电及安全特低电压用电器具时,在0区内,应采用专用于浴盆的电器;在1区内,只可装设电热水器;在2区内,只可装设电热水器及Ⅱ类灯具。

C.9.3　游泳池的安全防护的规定

1. 安全防护应根据所在区域,采取相应的措施。区域的划分应符合附录E的规定。

2. 建筑物除应采取总等电位联结外,尚应进行辅助等电位联结。辅助等电位联结,应将0、1及2区内下列所有外界可导电部分及外露可导电部分,用保护导体连接起来,并经过总接地端子与接地网相连:

(1)水池构筑物的水池外框,石砌挡墙和跳水台中的钢筋等所有金属部件;

(2)所有成型外框;

(3)固定在水池构筑物上或水池内的所有金属配件;

(4)与池水循环系统有关的电气设备的金属配件;

(5)水下照明灯具的外壳、爬梯、扶手、给水口、排水口及变压器外壳等;

(6)采用永久性间隔将其与水池区域隔离的所有固定的金属部件;

(7)采用永久性间隔将其与水池区域隔离的金属管道和金属管道系统等。

3. 在0区内,应用标称电压不超过12 V的安全特低电压供电,其安全电源应设在2区以外的地方。

4.在使用安全特低电压的地方应采取的直接接触防护

(1)应采用防护等级至少是 IP2X 的遮拦或外护物;

(2)应采用能耐受 500 V 试验电压历时 1 min。的绝缘。

5.不得采取阻挡物及置于伸臂范围以外的直接接触防护措施;也不得采用非导电场所及不接地的局部等电位联结的间接接触防护措施。

6.在各区内所选用的电气设备的防护等级的规定

(1)在 0 区内应至少为 IPX8;

(2)在 1 区内应至少为 IPX5(但是建筑物内平时不用喷水清洗的游泳池,可采用 IPX4);

(3)在 2 区内应至少为 IPX2,室内游泳池时;IPX4,室外游泳池时;IPX5,用于可能用喷水清洗的场所。

7.在 0,1 及 2 区内宜选用加强绝缘的铜芯电线或电缆。

8.在 0 及 1 区内,非本区的配电线路不得通过;也不得在该区内装设接线盒。

9.开关、控制设备及其他电气器具的装设的要求

(1)在 0 及 1 区内,不应装设开关设备或控制设备及电源插座。

(2)当在 2 区内如装设插座时供电的要求

——可由隔离变压器供电;

——可由安全特低电压供电;

——由剩余电流动作保护器保护的线路供电,其额定动作电流值不应大于 30 mA。

(3)在 0 区内,除采用标称电压不超过 12 V 的安全特低电压供电外,不得装设用电器具及照明器。

(4)在 1 区内,用电器具必须由安全特低电压供电或采用 Ⅱ 级结构的用电器具。

(5)在 2 区内用电器具的要求

——宜采用 Ⅱ 类用电器具;

——当采用 Ⅰ 类用电器具时,应采取剩余电流动作保护措施,其额定动作电流值不应超过 30 mA;

——应采用隔离变压器供电。

10.水下照明灯具的安装位置,应保证从灯具的上部边缘至正常水面不低于 0.5 m。面朝上的玻璃应采取防护措施,防止人体接触。

11.对于浸在水中才能安全工作的灯具,应采取低水位断电措施。

C.9.4　喷水池的安全防护的规定

1.安全防护应根据所在不同区域,采取相应的措施。区域的划分应符合附录 F 的规定。

2.室内喷水池与建筑物除应采取总等电位联结外,尚应进行辅助等电位联结;室外喷水池在 0,1 区域范围内均应进行等电位联结。

辅助等电位联结,应将防护区内下列所有外界可导电部分与位于这些区域内的外露可导电部分,用保护导体连接,并经过总接地端子与接地网相连:

(1)喷水池构筑物的所有外露金属部件及墙体内的钢筋;

(2)所有成型金属外框架;

(3)固定在池上或池内的所有金属构件;

(4)与喷水池有关的电气设备的金属配件;

（5）水下照明灯具的外壳、爬梯、扶手、给水口、排水口、变压器外壳、金属穿线管；

（6）永久性的金属隔离栅栏、金属网罩等。

3.喷水池的 0、1 区的供电回路的保护,可采用下列任一种方式:

（1）对于允许人进入的喷水池,应采用安全特低电压供电,交流电压不应大于 12 V;不允许人进入的喷水池,可采用交流电压不大于 50 V 的安全特低电压供电;

（2）由隔离变压器供电;

（3）由剩余电流动作保护器保护的线路供电,其额定动作电流值不应大于 30 mA。

4.在采用安全特低电压的地方,应采取下列措施实现直接接触防护:

（1）应采用防护等级至少是 IP2X 的遮挡或外护物;

（2）应采用能耐受 500V 试验电压、历时 1 min 的绝缘。

5.电气设备的防护等级的规定

（1）0 区内应至少为 IPX8;

（2）1 区内应至少为 IPX5。

附录 D　浴室区域的划分

D.0.1　浴室的区域划分可根据尺寸划分为三个区域(图 D-1、图 D-2)。

0 区:是指浴盆、淋浴盆的内部或无盆淋浴 1 区限界内距地面 0.10 m 的区域。

1 区的限界是:围绕浴盆或淋浴盆的垂直平面;或对于无盆淋浴,距离淋浴喷头 1.20 m 的垂直平面和地面以上 0.10~2.25 m 的水平面。

2 区的限界是:1 区外界的垂直平面和与其相距 0.60 m 的垂直平面,地面和地面以上 2.25 m 的水平面。

所定尺寸已计入盆壁和固定隔墙的厚度。

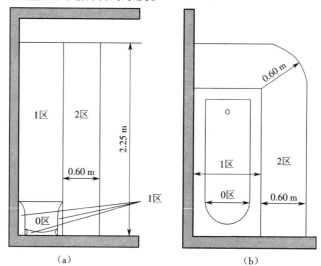

图 D-1　浴盆、淋浴盆分区尺寸(一)

(a)浴盆(剖面);(b)浴盆(平面);

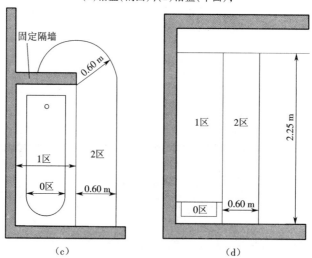

图 D-1　浴盆、淋浴盆分区尺寸(二)

(c)有固定隔墙的浴盆(平面);(d)淋浴盆(剖面)

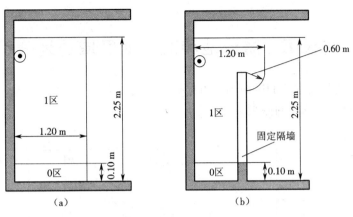

图 D-2　无盆淋浴分区尺寸(一)

(a)无盆淋浴(剖面);(b)有固定隔墙的无盆淋浴(剖面)

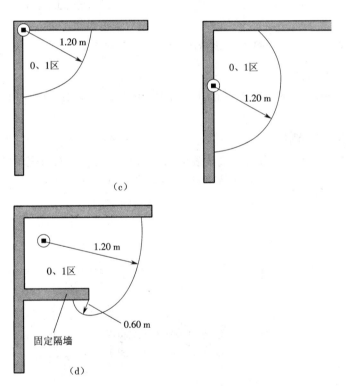

图 D-2　无盆淋浴分区尺寸(二)

(c)不同位置、固定喷头无盆淋浴(平面);(d)有固定隔墙、固定喷头的无盆淋浴(平面)

附录 E　游泳池和戏水池区域的划分

E.0.1　游泳池和戏水池的区域划分可根据尺寸划分为三个区域(图 E-l 及图 E-2),所定尺寸已计入墙壁及固定隔墙的厚度。

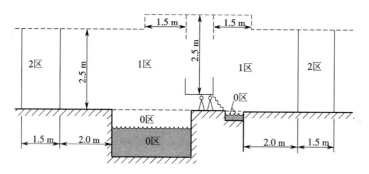

图 E-1　游泳池和戏水池的区域尺寸

0 区:是指水池的内部。

1 区的限界是:距离水池边缘 2 m 的垂直平面;预计有人占用的表面和高出地面或表面 2.5 m 的水平面;

在游泳池设有跳台、跳板、起跳台或滑槽的地方,1 区包括由位于跳台、跳板及起跳台周围 1.5 m 的垂直平面和预计有人占用的最高表面以上 2.5 m 的水平面所限制的区域。

2 区的限界是:1 区外界的垂直平面和距离该垂直平面 1.5 m 的平行平面之间;预计有人占用的表面和地面及高出该地面或表面 2.5 m 的水平面之间。

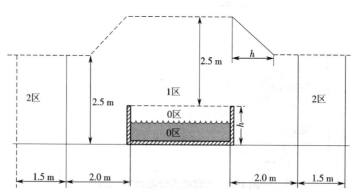

图 E-2　地表水池的区域尺寸

附录 F 电涌保护器

F.1 用于电气系统的电涌保护器

F.1.1 电涌保护器的最大持续运行电压不应小于表 F.1.1 所规定的最小值;在电涌保护器安装处的供电电压偏差超过所规定的 10% 以及谐波使电压幅值加大的情况下,应根据具体情况对限压型电涌保护器提高表 F.1.1 所规定的最大持续运行电压最小值。

表 F.1.1 电涌保护器取决于系统特征所要求的最大持续运行电压最小值

电涌保护器接于	配电网络的系统特征				
	TT 系统	TN-C 系统	TN-S 系统	引出中性线的 IT 系统	无中性线引出的 IT 系统
每一相线与 中性线间	$1.15\,U_0$	不适用	$1.15\,U_0$	$1.15\,U_0$	不适用
每一相线与 PE 线间	$1.15\,U_0$	不适用	$1.15\,U_0$	$\sqrt{3}\,U_0$①	相间电压①
中性线与 PE 线间	$U_0$①	不适用	$U_0$①	$U_0$①	不适用
每一相线与 PEN 线间	不适用	$1.15\,U_0$	不适用	不适用	不适用

注:1. 标有①的值是故障下最坏的情况,所以不需计及 15 % 的允许误差。
2. U_0 是低压系统相线对中性线的标称电压,即相电压 220 V。
3. 此表基于按 现行国家标准《低压配电系统的电涌保护器(SPD)第 1 部分:性能要求和实验方法 GB 18802.1 标准做过相关试验的电涌保护器产品。

F.1.2 电涌保护器的接线形式应符合表 F.1.2 规定,具体接线图见图 F.1.2-1 至图 F.1.2-5。

表 F.1.2 根据系统特征安装电涌保护器

电涌保护器接于	电涌保护器安装处的系统特征							
	TT 系统		TN-C 系统	TN-S 系统		引出中性线的 IT 系统		不引出中性线的 IT 系统
	按以下形式连接			按以下形式连接		按以下形式连接		
	接线形式 1	接线形式 2		接线形式 1	接线形式 2	接线形式 1	接线形式 2	
每根相线与中性线间	+	O	不适用	+	O	+	O	不适用
每根相线与 PE 线间	O	不适用	不适用	O	不适用	O	不适用	O
中性线与 PE 线间	O	O	不适用	O	O	O	O	不适用

表 F.1.2（续）

电涌保护器接于	电涌保护器安装处的系统特征							不引出中性线的 IT 系统
	TT 系统		TN-C 系统	TN-S 系统		引出中性线的 IT 系统		
	按以下形式连接			按以下形式连接		按以下形式连接		
	接线形式 1	接线形式 2		接线形式 1	接线形式 2	接线形式 1	接线形式 2	
每根相线与 PEN 线间	不适用	不适用	O	不适用	不适用	不适用	不适用	不适用
各相线之间	+	+	+	+	+	+	+	+

注:O — 必须, + — 非强制的,可附加选用

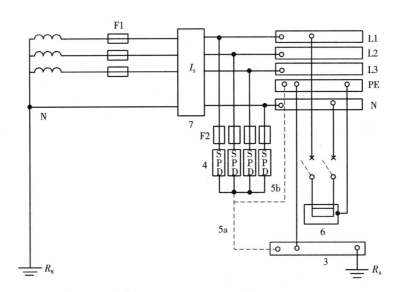

图 F.1.2-1　TT 系统电涌保护器安装在进户处剩余电流保护器的负荷侧

3—总接地端或总接地连接带;

4—U_P 应小于或等于 2.5 kV 的电涌保护器;

5—电涌保护器的接地连接线,5a 或 5b;

6—需要被电涌保护器保护的设备;

7—剩余电流保护器(RCD),应考虑通雷电流的能力;

F1—安装在电气设备电源进户处的保护电器;

F2—电涌保护器制造厂要求装设的过电流保护电器;

R_A—本电气装置的接地电阻;

R_B—电源系统的接地电阻。

3—总接地端或总接地连接带;

4,4a—电涌保护器,它们串联后构成 U_P 应小于或等于 2.5 kV 的电涌保护器;

5—电涌保护器的接地连接线,5a 或 5b;

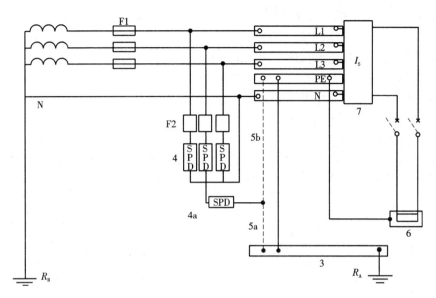

图 F. 1. 2-2　TT 系统电涌保护器安装在进户处 RCD 的电源侧

6—需要被电涌保护器保护的设备；

7—剩余电流保护器(RCD)，应考虑通雷电流的能力；

F1—安装在电气设备电源进户处的保护电器；

F2—电涌保护器制造厂要求装设的过电流保护电器；

R_A—本电气装置的接地电阻；

R_B—电源系统的接地电阻。

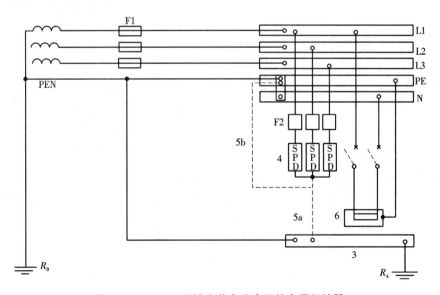

图 F. 1. 2-3　TN 系统安装在进户处的电涌保护器

3—总接地端或总接地连接带；

4—U_P应小于或等于 2. 5 kV 的电涌保护器；

5—电涌保护器的接地连接线,5a 或 5b;

6—需要被电涌保护器保护的设备;

7—剩余电流保护器(RCD),应考虑通雷电流的能力;

F1—安装在电气设备电源进户处的保护电器;

F2—电涌保护器制造厂要求装设的过电流保护电器;

R_A—本电气装置的接地电阻;

R_B—电源系统的接地电阻。

注:当采用 TN-C-S 或 TN-S 系统时,在 N 与 PE 线连接处电涌保护器用三个,在其以后 N 与 PE 线分开 10 m 以后安装电涌保护器用四个,即 N 与 PE 线间增加一个,见图 F.1.2-5 及其注。

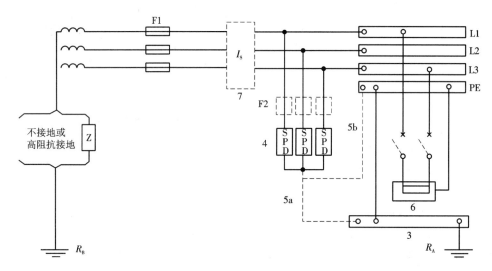

图 F.1.2-4 IT 系统电涌保护器安装在进户处剩余电流保护器的负荷侧

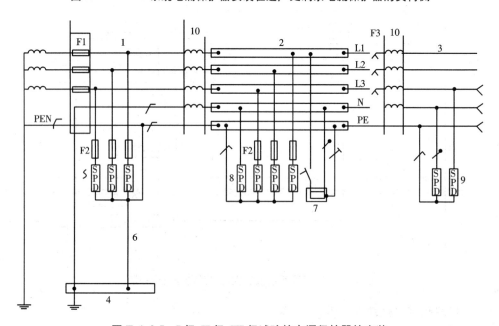

图 F.1.2-5 I 级、II 级、III 级试验的电涌保护器的安装

3—总接地端或总接地连接带；

4—U_p应小于或等于2.5 kV 的电涌保护器；

5—电涌保护器的接地连接线,5a 或 5b；

6—需要被电涌保护器保护的设备；

7—剩余电流保护器(RCD),应考虑通雷电流的能力；

F1—安装在电气设备电源进户处的保护电器；

F2—电涌保护器制造厂要求装设的过电流保护电器；

R_A—本电气装置的接地电阻；

R_B—电源系统的接地电阻。

（以 TN-C-S 系统为例）

1—电气装置的电源进户处；

2—配电箱；

3—送出的配电线路；

4—总接地端或总接地连接带；

5—I 级试验的电涌保护器；

6—电涌保护器的接地连接线；

7—需要被电涌保护器保护的固定安装的设备；

8—II 级试验的电涌保护器；

9—II 级或 III 级试验的电涌保护器；

10—去耦器件或配电线路长度；

F1,F2,F3—过电流保护电器。

注:1. 当电涌保护器 5 和 8 不是安装在同一处时,电涌保护器 5 的 U_p应小于或等于2.5 kV;电涌保护器 5 和 8 可以组合为一台电涌保护器,其 U_p应小于或等于2.5 kV。

2. 当电涌保护器 5 和 8 中间的距离小于 10 m 时,在 8 处 N 与 PE 之间的电涌保护器可不装。

F.2　用于电子系统的电涌保护器

F.2.1　电信和信号线路上所接入的电涌保护器的类别及其冲击限制电压试验用的电压波形和电流波形应符合表 F.2.1 规定。

表 F.2.1　电涌保护器的类别及其冲击限制电压试验用的电压波形和电流波形

类别	试验类型	开路电压	短路电流
A1	很慢的上升率	≥1 kV 0.1 kV/μs ~ 100 kV/s	10A,0.1 ~ 2 A/μs ≥1 000 μs(持续时间)
A2	AC		
B1	慢上升率	1 kV,10/1 000 μs	100 A,10/1 000 μs
B2		1k V ~ 4 kV,10/700 μs	25 ~ 100 A,5/300 μs
B3		≥1 kV,100 V/μs	10 ~ 100 A,10/1 000 μs

表 F.2.1（续）

类别	试验类型	开路电压	短路电流
C1		0.5 ~ <1 kV,1.2/50 μs	0.25 A ~ <1 kA,8/20 μs
C2	快上升率	2 ~ 10 kV,1.2/50 μs	1 ~ 5 kA,8/20 μs
C3		≥1 kV,1 kV/μs	10 ~ 100 A,10/1 000 μs
D1	高能量	≥1 kV	0.5 ~ 2.5 kA,10/350 μs
D2		≥1 kV	0.6 ~ 2.0 kA,10/250 μs

F.2.2　电信和信号线路上所接入的电涌保护器,其最大持续运行电压最小值应大于接到线路处可能产生的最大运行电压。用于电子系统的电涌保护器,其标记的直流电压 U_{DC} 也可用于交流电压 U_{AC} 的有效值,反之亦然,它们之间的关系为 $U_{DC} = \sqrt{2} U_{AC}$。

F.2.3　合理接线应符合下列规定

1.应保证电涌保护器的差模和共模限制电压的规格与需要保护系统的要求相一致（图 F.2.3-1）。

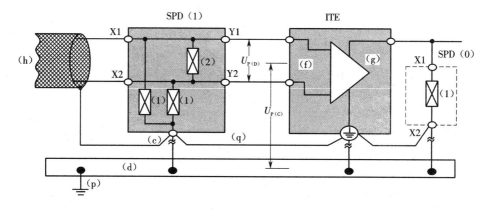

图 F.2.3-1　防需要保护的电子设备（ITE）的供电电压输入端

信号端的差模和共模电压的保护措施的例子。

（c）—电涌保护器的一个连接点,通常,电涌保护器内的所有限制共模电涌电压元件都以此为基准点;

（d）—等电位连接带;

（f）—电子设备的信号端口;

（g）—电子设备的电源端口;

（h）—电子系统线路或网络;

（l）—符合本附录表 F.2.1 所选用的电涌保护器;

（o）—用于直流电源线路的电涌保护器;

（p）—接地导体;

$U_{p(C)}$—将共模电压限制至电压保护水平;

$U_{p(D)}$—将差模电压限制至电压保护水平;

$X1$、$X2$—电涌保护器非保护侧的接线端子,在它们之间接入(1)和(2)限压元件;

$Y1$、$Y2$—电涌保护器保护侧的接线端子;

(1)—用于限制共模电压的防电涌电压元件;

(2)—用于限制差模电压的防电涌电压元件。

2.接至电子设备的多接线端子电涌保护器,为将其有效电压保护水平减至最小所必需的安装条件,见图 F.2.3-2。

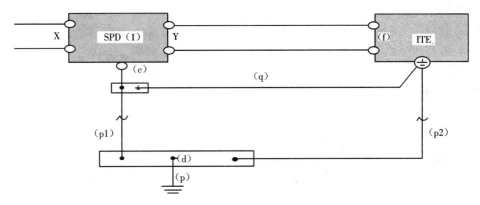

图 F.2.4-2　将多接线端子电涌保护器的有效电压保护水平

减至最小所必需的安装条件的例子。

(c)—电涌保护器的一个连接点,通常,电涌保护器内的所有限制共模电涌电压元件都以此为基准点;

(d)—等电位连接带;

(f)—电子设备的信号端口;

(1)—符合本附录表 F.2.1 所选用的电涌保护器;

(p)—接地导体;

(p1)(p2)—应尽可能短的接地导体,当电子设备(ITE)在远处时可能无(p2);

(q)—必需的连接线(应尽可能短);

X,Y—电涌保护器的接线端子,X 为其非保护的输入端,Y 为其保护侧的输出端。

3.附加措施

(1)接至电涌保护器保护端口的线路不要与接至非保护端口的线路敷设在一起;

(2)接至电涌保护器保护端口的线路不要与接地导体(p)敷设在一起;

(3)从电涌保护器保护侧接至需要保护的电子设备(ITE)的线路应尽可能短或加以屏蔽。

参 考 文 献

[1] 钮英建.电气安全工程[M].北京:中国劳动社会保障出版社,2009.
[2] 孙熙,蒋永清.电气安全[M].北京:机械工业出版社,2011.
[3] 杨岳.电气安全[M].北京:机械工业出版社,2010.
[4] 梁慧敏.电气安全工程[M].北京:北京理工大学出版社,2010.
[5] 李世林.电气设备安全标准手册[M].北京:中国标准出版社,2011.
[6] 陈家斌,高小飞.电气设备防雷与接地实用技术册[M].北京:中国水利水电出版社,2010.
[7] 黄威,陈鹏飞,吉承伟.防雷接地与电气安全技术问答册[M].北京:化学工业出版社,2014.
[8] 逄凌滨.建筑电气工程师实用手册[M].北京:化学工业出版社,2013.
[9] 国家标准 GB 50057—2010.建筑物防雷设计规范[S].北京:中国计划出版社.
[10] 国家标准 GB 50174—2008.电子信息系统机房设计规[S].北京:中国计划出版社.
[11] 国家标准 GB 50169—2006.电气装置安装工程接地装置施工及验收规范[S].北京:中国计划出版社.
[12] 国家标准 GB 50054—2011.低压配电设计规范[S].北京:中国计划出版社.
[13] 李世林.电气装置和安全防护手册[M].北京:中国标准出版社,2006.
[14] 刘鸿国.电击与电气火灾防护技术及其应用实例[M].北京:中国建筑工业出版社,2007.
[15] 何金良,曾嵘.电力系统接地技术[M].北京:科学出版社,2007.
[16] 杨金夕.防雷、接地及电气安全技术[M].北京:机械工业出版社,2004.